九型人格

成就自我与他人的窍门

黄俊华 ◎ 著　　　卿　珂 ◎ 绘

第3版

浙江工商大学出版社
ZHEJIANG GONGSHANG UNIVERSITY PRESS

· 杭州 ·

图书在版编目（CIP）数据

九型人格：成就自我与他人的窍门 / 黄俊华著. — 3版. 杭州：浙江工商大学出版社, 2020.11
ISBN 978-7-5178-3954-5

Ⅰ.①九… Ⅱ.①黄… Ⅲ.①人格心理学—通俗读物 Ⅳ.①B848-49

中国版本图书馆 CIP 数据核字 (2020) 第 119132 号

九型人格：成就自我与他人的窍门
JIUXINGRENGE：CHENGJIU ZIWO YU TAREN DE QIAOMEN
黄俊华　著

责任编辑　郑　建
封面设计　夏　天
责任印刷　包建辉
出版发行　浙江工商大学出版社
　　　　　（杭州市教工路198号　邮政编码310012）
　　　　　（E-mail：zjgsupress@163.com）
　　　　　（网址：http://www.zjgsupress.com）
　　　　　电话：0571-88904980　88831806（传真）
排　　版　夏　天
印　　刷　嘉业印刷（天津）有限公司
开　　本　787mm×1092mm　1/16
印　　张　12.75
字　　数　130千
版 印 次　2020年11月第1版　2020年11月第1次印刷
书　　号　ISBN 978-7-5178-3954-5
定　　价　48.00元

版权所有　翻印必究　印装差错　负责调换

序 言
（第3版）

亲爱的读者朋友,您现在看到的这本书是《九型人格》第3版，第1版在2004年出版，第2版在2008年出版。有些讲授九型人格课程的老师因为买不到原版书，甚至复印了这本书，作为教材发给学生。因此，出版社的同事们都认为这本书有再版的必要。

我欣然接受了这个邀请。因为我觉得这是一个机会，可以把我近10年专业上的积累及对人生的思考，借助这本书进行表达。所以，我开始重新整理、写作这本书。

你能读懂谁，就能跟谁搞好关系。能搞好关系，就能得到这种良性关系产生的价值和利益。

这就是所谓的：得人心者得天下。卡耐基也曾说："一个人的成功85%靠关系，15%靠专业。"按照这个理论，关系的作用必然大于能力。

在企业经营中，懂上司的道就能享上司的福，懂下属的道就能享下属的福，懂客户的道就能享客户的福，懂市场的道就能享市场的福。

在家庭关系中，懂老公的道就能享老公的福，懂老婆的道就能享老婆的福，懂父母的道就能享父母的福，懂孩子的道就能享孩子的福。

在与人相处中，懂朋友的道就能享朋友的福。甚至可以说，如果我们能懂对手的道，也就能享受到对手的福。比如，《三国演义》中诸葛亮草船借箭能够成功，就是因为诸葛亮懂曹操的道，就享到了曹操的"福"。

在人生的旅途中，懂自己的道，就能享自己的福。

懂他人之道，让自己享福——凡是让我们享不了福的人，都是我们不懂的人。

人们常说，经营企业就是经营人心。而经营人心的前提是你要能读懂人心。如果不懂人心，经营人心就会成为一句空话。"士为知己者死，女为悦己者容。"人才愿意为理解自己的上司奉献其最优秀的才华，恋人愿意为欣赏自己的人呈现出最美好的一面。可以说，读懂人心、了解人性、链接关系，是人们获得事业成功、人生幸福必修的重要课题。

基于此，我总结了如下几点：

知善能迁是自我成长之道；
知己知彼是赢得竞争之道；
知彼解己是经营关系之道；
知人善任是有效管理之道。

懂谁的道，就享谁的福。

"懂道"是"享福"的前提条件——您能懂得成长之道就会成为人生的赢家，您能懂得竞争之道就会成为市场的赢家，您能懂得关系之道就会成为情感的赢家，您能懂得管理之道就会成为企业的赢家。

而读懂他人不仅是我们成就人生的需要，也是一门需要深入研究的学问。每个人的行为表现背后，都有着不同的心态、动机与性格因素。要想知人知己，就需要了解这些潜在的决定性因素。九型人格，又名性格形态学，是破译性格的密码。了解性格特质、善用性格特质，可以帮助我们找到自我成长的路径，也可以协助我们把关系中的阻力转化为助力。

这并不是一本深奥的、充满心理学概念的专业书。我给这本书的定位是：一本让我们更好地觉察自己、洞悉他人的趣味化实用书。我认为，大部分读者更愿意运用性格工具来辅助工作、改善生活，而非成为性格学专家。所以在书中，我尽可能减少使用一些深奥的专业名词，以免给大家的阅读造成障碍。我希望您在阅读本书的过程中，既能收求知与成长的学习价值，又能有轻松愉悦的阅读体验。

愿这本新出版的《九型人格》，能帮助您知九型、解九型、用九型，在职场上或者生活中，做一个妙解人心的有福之人。

序 言
（第2版）

"九型人格"这门古老的性格学说现在越来越普及，应用也越来越广泛。很多介绍九型人格的书籍都从心理学的角度对它进行了深入专业的阐述。而本书创作的目的是，用生活化的方式通俗易懂地介绍九型人格，让更多没有心理学基础的读者也可以了解这一门性格学问。

"知己知彼"是孙子兵法告诉人们的关于赢的秘密。九型人格正是帮助人们达成这一结果的有效工具——从性格的角度入手，让人们了解自我，认识他人。

九型人格的三大功用：

知己知彼；

知善能迁；

知人善任。

知己：跟自己建立良好的关系。与自我有效相处是同他人有效相处的基础。人贵有自知之明，内在的和谐会带来外在的胜利。

知彼：沟通决定生活的品质。人们不是孤立生活在这个世界上的，人们生活品质的好坏，从某种意义上讲取决于不同性格特质的人如何沟通与共处。无论是在企业中还是在家庭中，人际关系的好坏都是决定人们成败的重要因素。

知善能迁：自我洞察并且自我超越。人们是一颗颗星星，通过做人去自我完善。

知人善任：人才是用出来的。了解他人并完全发挥他人的强项和潜能，才能人尽其才、物尽其用，做一个真正以人为本的领导者。

先贤曰：**知人者智，自知者明。**

九型人格的价值就在于"知"字——不仅仅是拥有知识、概念，更要掌握洞察自我与他人的能力。

性格决定命运。把握内心那把性格之火，正是成就人生的窍门所在。

目　录
contents

第1章　九个视角　　　　　　　　　//001

第2章　九柱图与能量中心　　　　　//011

第3章　沿着性格探索　　　　　　　//023

第4章　日常生活中的九型呈现　　　//065

第5章　从经典小说看九型　　　　　//083

第6章　辨别型号　　　　　　　　　//137

第7章　九型的两翼与飞跃　　　　　//147

第8章　看见性格，穿越性格　　　　//163

第9章　面对性格差异的沟通　　　　//177

结束语　生命的任务　　　　　　　　//189

后　记　　　　　　　　　　　　　　//191

第 1 章
九个视角

每一种性格背后都有因果,不同的性格就是不同的因果。

认识性格并非让人们为自己或他人贴上标签,而是觉察和排除妨碍人们活出真我的干扰。

善于了解自己的性格是一种智慧,

愿意理解他人的性格是一种慈悲。

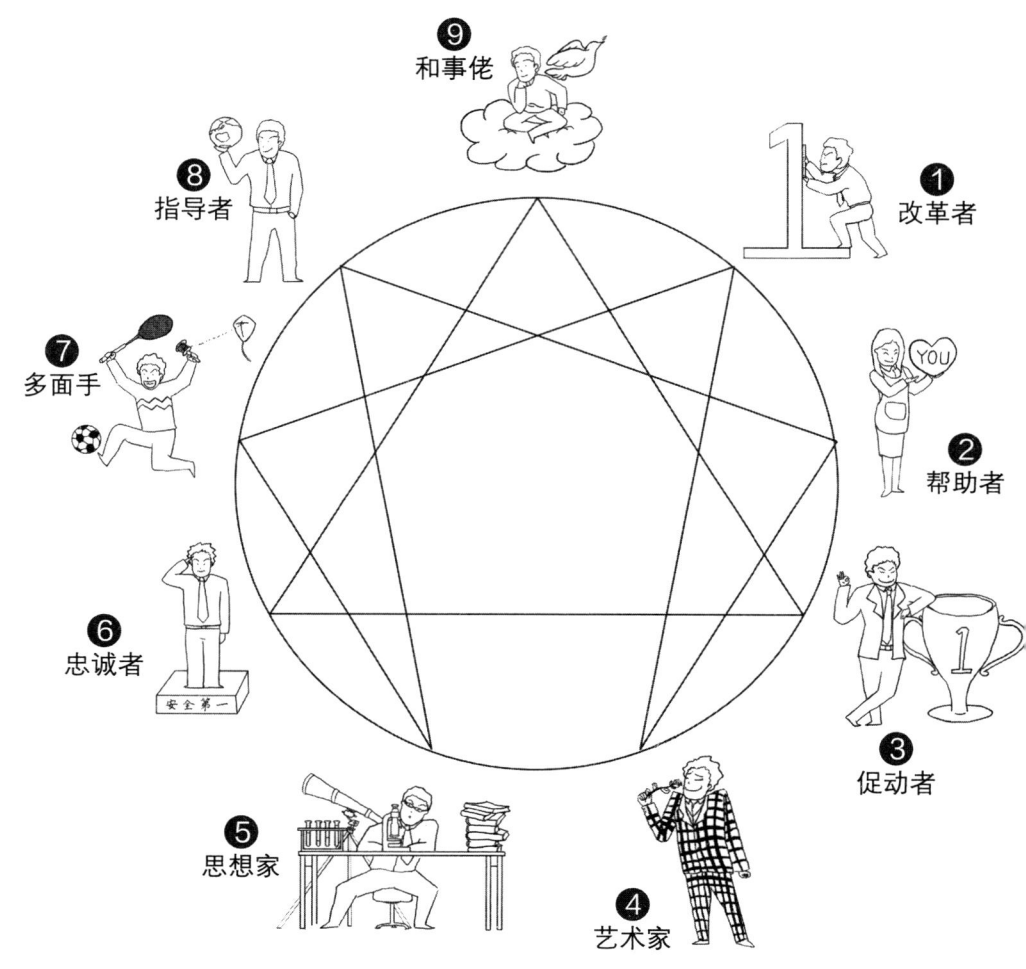

在这里，跟大家分享一个有关"一字之差"的真实故事。

在国外，有人出版了一本书，名叫《如何在 30 天内改变你的妻子》(*How to change your wife in 30 days*)，短短一个星期之内热卖了 200 万本。后来这本书的作者发现，自己犯了一个错误，原来他把书名拼写错了。正确的书名应该是《如何在 30 天内改变你的人生》(*How to change your life in 30 days*)。令人大跌眼镜的是，改名后的一个星期之内，这本书只卖了 3 本。

果然是"失之毫厘，差之千里"，一字之差，结果迥异。

如果把这个故事当成一个笑话，我们大可一笑了之——有太多做丈夫的人想要改变自己的妻子。如果把这个故事当作是一面人心的透视镜，我们可能会得出这样的结论：很多人很想改变别人，而不愿意改变自己。

丰富我们的视角

我有一位研究心理学的朋友曾说过："人总爱证明自己是对的，这是很多矛盾的根源。"

其实，真正的问题不在于我们喜欢证明自己是对的，而在于证明自己是对的同时，还非得证明别人是错的！

如果我们在证明自己是对的同时，能接受他人也是对的，那么大家就可以和平相处。这意味着你是对的，我也是对的，我们只是视角不同而已，彼此根本无须争辩、对立，乃至互相伤害。

而人际关系真正的问题就在于：我们在不觉察的状态下，只允许自己的看法是对的，不允许他人的看法也是对的。前面故事中那些对改变妻子的兴趣比改变自己人生的兴趣更大的丈夫们，很可能就存有这样的心态。

事物本身都是中立的，不同的只是我们看问题的视角而已。还记得盲人摸象的故事吗？每一个去摸大象的盲人都摸到了大象的不同部位：大腿、身子、尾巴。而以偏概全的思维模式让每一个盲人都认为自己掌握的是真理，他人掌握的是谬误。因而彼此争吵起来。

我对这个故事有两点解读：第一，如果我们固执己见，自以为是，就会成为故事中的盲人，看不见真相，自以为掌握真理，用自己的偏见与他人的偏见争论不休。第二，开启智慧的其中一种方式是转换、丰富我们看问题的视角。看问题的视角越多，越有可能离真理越近。《用事实说话》这本书里说：我们越多了解他人看问题的角度，就越能更好地传递信息。前提是，我们能觉知自我的视角。

写到这里，让我们言归正传，回到本书的主题：九型人格。这门学问的其中一个价值就在于，它以性格作为切入点，带给我们九个看世界的视角。

初识九型

九型人格是一门应用广泛的性格学说，目前，它正在被越来越多的人掌握和运用。具有"以人为本"理念的企业领导往往将它作为一种迅速有效提升管理技能和激发员工的强有力工具。如果想发挥员工的强项，领导者就需要关注员工的方方面面。不仅是关注他的行为与成果，也要关注他的心态与情绪，乃至他不同的性格特点。

理解九型人格并将其应用在企业中，能帮助领导者迅速洞察团队状态，了解管理层和员工的工作模式，激发他们的内在动力，推动企业进步。九型人格可以让企业领导了解到：不同型格的人分别能为企业贡献其什么强项；对待不同型格的人，哪种领导风格和工作环境最能支持他充分发挥潜能。如果领导者能够洞悉员工的型格，就可以扬长避短，将该员工安排在最适合他的企业岗位上。人尽其才方能物尽其用，可以说，九型人格是打开人的潜能的一把金钥匙。

九型人格早先作为斯坦福大学 MBA 课程内容，并为大型企业或机构，如可口可乐、惠普等应用。九型人格也被纳入 IT 巨头 SGI 公司的持续教育课程。九型人格不仅被众多商界人士青睐，也被护士、教师等职场人士运用。美国中央情报局也举行过九型人格研讨会，以此研究分析各国政要的行为特征。

现在，世界上也有很多协会在持续研究、推广这门学问。

九型人格中的九种性格类型分别是：

1号　改革者；

2号　帮助者；

3号　促动者；

4号　艺术家；

5号　思想家；

6号　忠诚者；

7号　多面手；

8号　指导者；

9号　和事佬。

这里需要注意的是，不同的流派和研究者对每个号码的称谓不尽相同：比如1号改革者，有些流派会称之为遵循原则者，还有些流派把它叫作完美主义者。我们只需要记住阿拉伯数字的性格号码就行，因为各个流派对应数字的性格描述基本是一致的。

接下来，让我们为每一个型号的性格进行简单的速写，使大家对九型人格有初步的认识：

我是1号改革者：

我有我的标准——我公平正直、讲究原则，做事严谨认真，有条有理，井然有序，凡事力求完美，别人却说我吹毛求疵、爱挑毛病。

我是 2 号帮助者：

　　我要帮助所有的人——我富有爱心、善解人意、热情付出、总是优先满足他人的需求，可是常常感觉别人忽略了我的存在。

我是 3 号促动者：

　　我要出人头地——我追求个人成就，渴望比他人更成功，喜欢成为别人关注的焦点，希望被人尊重、肯定和羡慕，很多人却说我是个"工作狂"。

我是 4 号艺术家：

　　我是独一无二的——我注重感觉，敏感而多疑，我渴望别人能够了解我的内心感受，注意到我的独特与非凡之处，但是这个世界上好像没有人能够真正理解我。

我是 5 号思想家：

　　我要了解世界——我总是喜欢分析、思考，追求知识，渴望比别人懂得更多，我不善于表达内心感受，给人缺乏感情的印象。由于不擅长交际应酬，身边人总是说我"不懂人情世故"。

我是6号忠诚者：

我很小心谨慎——我为人忠诚，却太多疑虑。我总觉得世界充满危机，内心深处时常担心、焦虑，我过于考虑安全问题，并因此延迟采取行动。

我是7号多面手：

我是快乐的——我天生开心贪玩，喜欢新奇的事物。我追求自由自在、率性而为的生活，但总有些不得不处理的事情挤占我的娱乐时间。

我是8号指导者：

我是百折不挠的——我刚强自信，有正义感，勇于承担。我喜欢带领并保护身边的人，但是别人经常觉得我太过于"霸道"而与我保持距离。

我是9号和事佬：

我宁愿息事宁人——我待人友善，喜欢和谐的氛围，希望大家和睦相处，别人却说我太过"好好先生"，优柔寡断，没有立场。

发现自己心中的那把火

在具体了解九型人格性格特质之前，我们需要问自己一个重要

的问题:

当你不需要为钱烦恼的时候,你会做什么?

你会做什么呢?是外出旅游,饱览各地名胜,遍尝万千风味?还是成为一个领域的专家,拥有引以为荣的专业地位?或是帮助穷人过得更好?建立更大的事业王国?去冒险、探奇?享受音乐?过平常的家居日子,天天睡到自然醒?或许这些才是你真正向往的生活,或者说,这才是较为真实的你,在去除生存的压力与枷锁之后的你。

认真面对这个问题,可以帮你看清什么是你生命中最重要的事,让你不再为日常生活中的琐碎小事而忧心忡忡。九型人格的其中一个作用就是帮你挖掘埋藏在心灵中的核心本质,让你与自己最重要的价值联系在一起,从而活出你的真我。

下面的句子会进一步接近你的体验,接近那个更具体的你。你需要先来感受一下,不用分析,只需要感受下面的话语,看看哪一句话最能够引起你的共鸣:

1. 我是最好的;
2. 我拥有爱心;
3. 我是成功者;
4. 我独一无二;
5. 我什么都知道;

6. 我们大家都要忠诚；

7. 我是充满欢乐的；

8. 让我来支配；

9. 我是平和的。

你感受到了吗？是哪一句呢？哪一句话语能走进你的心里，让你感觉是那么的丝丝入扣或是怦然心动？是怎样的一团火焰在你的心里燃烧呢？

其实，这些话语就是每种型号的心声。什么对于你来说是最喜悦的？什么又是你最恐惧的？九型人格就是根据人的基本欲望和基本恐惧进行划分的。根本的需要和恐惧，就像一把与生俱来的火，在你心里熊熊燃烧。每种型号燃烧的火都不一样，每一种型号都是一份天赐的礼物。他们为这个世界带来了自己最美好的特质，使得这个世界如此丰富、绚丽、多姿多彩。

我们了解和学习九型人格，去探索各个型号特质的时候，要特别注意以下几点内容：

既不要用性格号码随意为他人贴标签，也不要用性格作为自己逃避成长与责任的借口。

所有的性格都是平等的。没有哪种性格比别的性格更优越，没有哪种性格比其他性格更低等，每一种性格都曾经诞生过伟人。

每个人来到这个世界都是有价值的，每种性格都有存在的意义。

尊重与欣赏每种性格的使命，协助每种性格的人发挥其与生俱来的潜力。

第 2 章

九柱图与能量中心

我们每个人的身体里有三个能量中心：脑中心、心中心、腹中心。

这三个能量中心共同驱动我们的身体进行每天的各种行为。

明了我们所属的能量中心，就明了了日常支配我们的力量和情绪。

同时，用向内学习的态度了解九柱图，就会发现心智成长的指引。

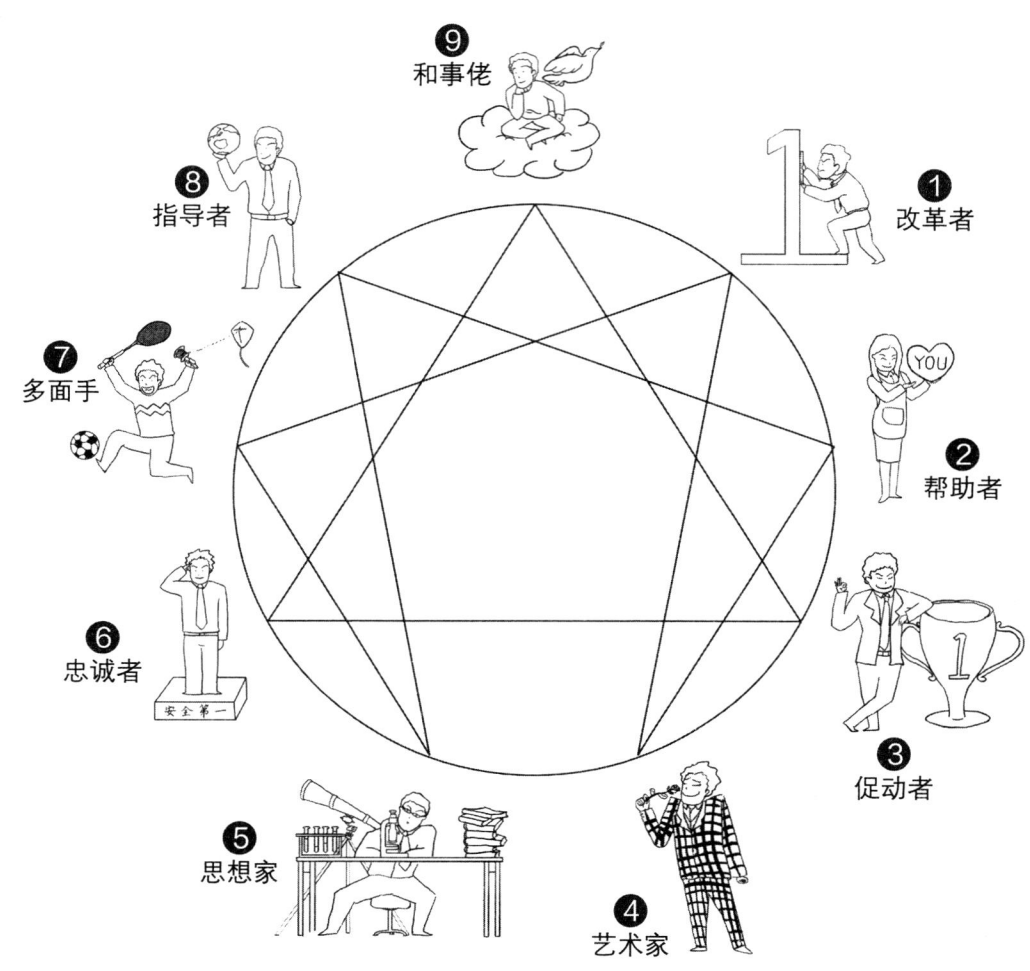

九柱图的启示

九柱图是认识和学习九型人格的基本图形。九柱图也被称为九芒星。九柱图的圆形上有 9 个等分点，分别标以序号 1 至 9，9 在最上面正中央的位置。每个号码代表一种性格类型，这九种性格类型间的关系如图 2-1 所示。

图2-1 九柱图

整个九柱图可以拆分为一个圆圈、一个三角形和一个六角形，如图2-2所示。

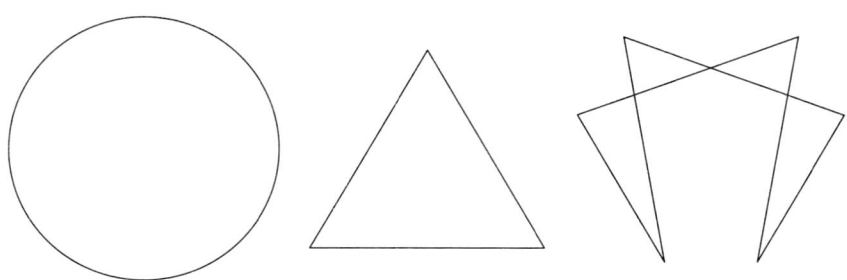

图2-2 九柱图分解图

这三个图形分别有不同的意义，也演绎出九种人格类型的相互关系和演变规律。其中：

圆圈代表你拥有一切所需的资源去达到性格的整合。

三角形代表天、地、人三种元素。即先天，上天赐给你的资源；后天，环境对你的培育与影响；自己，你自己的创造。

六角形代表变幻是永恒的。走对了方向，意味着性格整合；走错了方向，意味着性格分解。

九型人格就好像九根柱子撑起的世界，每一根柱子代表一种性格型号，每种型号都代表一种特质。没有哪一根柱子比别的柱子更好、更美。每一根柱子都同样重要，缺一不可。所以，是九根柱子共同撑起了这个世界。

成长地图

九型人格的号码与号码之间是有联系的,而且这些联系之间包含着个人成长的启示。

先来解读一下**第一组关系(3、6、9)**的成长密码。

人通常会由3号开始,这关乎个人的成功,就如我们在成长过程中想要实现自我价值一样。然后,人们需要进一步提升自己,自我整合、自我超越,会从3号向6号发展——我成功了,我也要支持身边的人成功、支持团队成功。正所谓"一花独放不是春,百花齐放春满园"。这是一种更大的成功。做到这一步之后,人们还要从6号向9号发展,9号代表了平衡——我跟我团队之间的成就取得了平衡。这里需要留意的是:我提升自己的时候是否带动了团队;反过来,团队提升的时候我自己是不是也在提升。最终,达到既能成就团队,也能成就自我的效果。

然后,再来解读一下**第二组关系(1、7、5、8、2、4)**的成长密码。

在人们成长的过程中,一开始都有一个自我的标准。然而,如果人们只盯住标准的话,会活得完全没有新鲜感,把自己困于自我设限中。所以,人们要向7号整合,拓展自己的视野。同时,还要敢于冒险、创新,让一些新的事物进入自己的生命。当人们拥有了7号的特质之后,还需要有5号的深度,不仅追求新鲜的、表面的东西,还要体会生命的深度。当人们像5号一样有深度的时候,还需要活出8号的特质——要把自己掌握的知识运用、发挥出来，去领导身边的团队。当人们想要领导他人的时候，需要活出2号的爱心，懂得关怀他人、帮助他人。这样人们的领导力才不会用来服务于自己的权力欲、掌控欲，而是用来爱这个世界。当然，在爱这个世界的时候也不要忘了自己，所以还要到4号的位置。4号代表了关注自我——人们成就他人的时候也要记得自己是很重要的。只是如果我们太执着于自己的时候，又需要有客观的标准来指引。这样，就又回到了1号。

所以，九型人格就像一幅地图，一幅帮助人们完善自我、有效的成长地图，是一门人生的哲学，而不仅仅是性格学问这么简单。

三个能量中心

从性格分类的角度来看，人可以分为"脑中心""心中心""腹中心"三个组别，如图2-3所示。

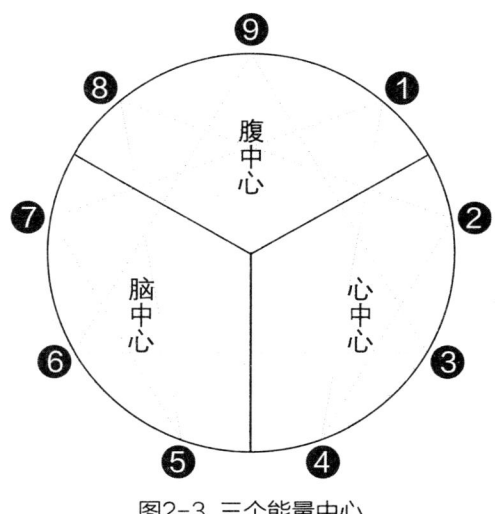

图2-3 三个能量中心

"**脑中心**"：属于思维型的人。他们喜欢收集资料、讲道理，凭借思考与反省运作。"脑中心"包括九型中的第五型"思想家"、第六型"忠诚者"及第七型"多面手"。行动问题往往是"脑中心"类型的人遇到的挑战。

"**心中心**"：属于感觉型的人。他们喜欢人及感受上的运作。"心中心"包括九型中的第二型"帮助者"、第三型"促进者"及第四型"艺术家"。情感问题往往是"心中心"类型的人遇到的挑战。

"**腹中心**"：属于直觉型的人。他们喜欢解决问题，看重事实，凭借本能和习惯运作。"腹中心"包括九型中的第八型"指导者"、第九型"和事佬"及第一型"改革者"。环境与互动关系问题往往是"腹中心"类型的人遇到的挑战。

下面，让我们通过几个案例来认识九型人格中的三个能量中心。

第一组人物来自小说《三国演义》，他们分别是：诸葛亮、刘备、张飞。

提到**诸葛亮**，有哪些典型事件呢？隆中对三分天下、赤壁借东风火烧曹军、舌战群儒、《出师表》、空城计。下面，我从能量中心的角度解读一下。

隆中对：洞察能力强，善于分析归纳天下大势。

舌战群儒：善于思考、辩才无碍。

赤壁借东风：博学多才，知天文、晓地理，用计如神，足智多谋。

《出师表》：文采斐然，思路清晰。

这些是脑中心能量的特点。

虽然有些研究认为诸葛亮是九型中腹中心的 1 号人物，但从我个人的角度分析，还是觉得诸葛亮是脑中心的 5 号人物的可能性更大。其中一个典型例子就是他劝刘备取刘表荆州、取刘璋益州，这都不像 1 号人物的做法。

提起**刘备**，又会给我们什么印象呢？桃园结义、三顾茅庐、长坂坡摔阿斗、哭来的江山。同样，我也从能量的角度来解读一下：

桃园结义——重视感情，以真诚与情义结交英雄，这次结义也为他后来三分天下奠定基础。

三顾茅庐——代表他对人才的尊重、重视，用对人就能成就事。

长坂坡摔阿斗——正向的说法是懂得经营人心，负向的说法是善于收买人心。

哭来的江山——请诸葛亮出山时哭，在东吴见吴国太时哭，说明他情感丰富，善于表达情绪。

这些是心中心能量的特点。

再来看**张飞**，我们对他又有什么印象呢？随刘备见诸葛亮时想烧了草庐、长坂桥喝退曹军、有情绪时喜欢鞭打军士。下面我同样做一个解读。

烧诸葛亮草庐：主要是因为等候得不耐烦，说明他脾气急躁，同时不假思索，只凭本能行事。

长坂桥喝退曹军：勇字当头，无所畏惧，天生英雄气概。

鞭打军士：脾气暴躁，内心充满怒火，像一座活火山。

而张飞事实上也是死于自己的臭脾气。

这些是腹中心能量的特点。

综上，脑中心对应思维能力，心中心对应情绪能力，腹中心对应身体能力。

我们再来看看第二组人物，《水浒传》中的吴用、宋江、李逵。

吴用，善于思考分析，出谋划策。他与诸葛亮相似，长于运筹帷幄，决胜千里，是梁山好汉的军师，绰号"智多星"。他属于脑中心能量，思维能力是强项。

宋江，善于情感感受，与人链接。所以仗义疏财，关怀他人，广交天下豪杰，绰号"及时雨"。他属于心中心能量，情绪能力是强项。

李逵，善于身体直觉，勇猛无畏。他的性情豪放不羁，招牌板斧远近闻名，横冲直撞，无所顾忌，绰号"黑旋风"。他属于腹中心能量，身体能力是强项。

最后分析一组人物，来源于2018年很火的一部电视连续剧《大江大河》。剧中的三个主角分别是宋运辉、杨巡、雷东宝。

他们三人在电视剧中分别从属于三种经济模式，宋运辉进入国有工厂，他的经历反映了国有企业的发展历程；杨巡走街串巷卖货、开店做买卖，他的经历反映了私人企业的发展历程；雷东宝带小雷家公社社员致富，他的经历反映了集体经济的发展历程。

同时，他们三人个性鲜明，也分别代表了脑中心、心中心、腹中心三个能量中心的特点。

宋运辉，脑中心组的 5 号性格特质，喜欢钻研学问，好学上进，善于理性思考。同时，不善于表达情感。他是研发型与专家型的人才。

杨巡，心中心组的 3 号性格特质，善于与人链接，嘴巴甜，长于表达，处事灵活。他是天生的销售型人才。

雷东宝，腹中心组的 8 号性格特质，为人仗义，敢于担当和冒险，也能照顾乡亲，爱护亲人。同时，脾气急躁，好冲动，易怒。他是天生领导型人才。

由上面几组人物可以看出，深入人心的小说、电视剧都有一个共同特点，就是能够深入了解人性，深刻描绘人物，使其能艺术性地表现现实生活中的人物。正如《三国演义》片尾曲唱到：暗淡了刀光剑影，远去了鼓角铮鸣，眼前飞扬着一个个鲜活的面容。

归纳一下，如果用四个字的词组来形容三个能量中心，就是：

逻辑思考；
情感感受；
身体直觉。

如果用三个字的词组来形容三个能量中心，就是：

脑中心；

心中心；

腹中心。

如果用两个字的词组来形容三个能量中心常见的情绪，就是：

恐惧；

羞耻；

愤怒。

如果用一个字来形容三个能量中心的优秀特质，就是：

智；

仁；

勇。

第 3 章
沿着性格探索

人人有九型,是指每个人不是单纯拥有某一种性格,而是每个人身上都可能同时具备九种性格。

人人皆有型,是指每个人都有一个比较突出和核心的性格特质。

而我们所拥有的性格特质,在我们能够保持对自我觉知的时候,会是我们的优势;而在我们丧失对自我觉知的时候,则可能成为我们的劣势。

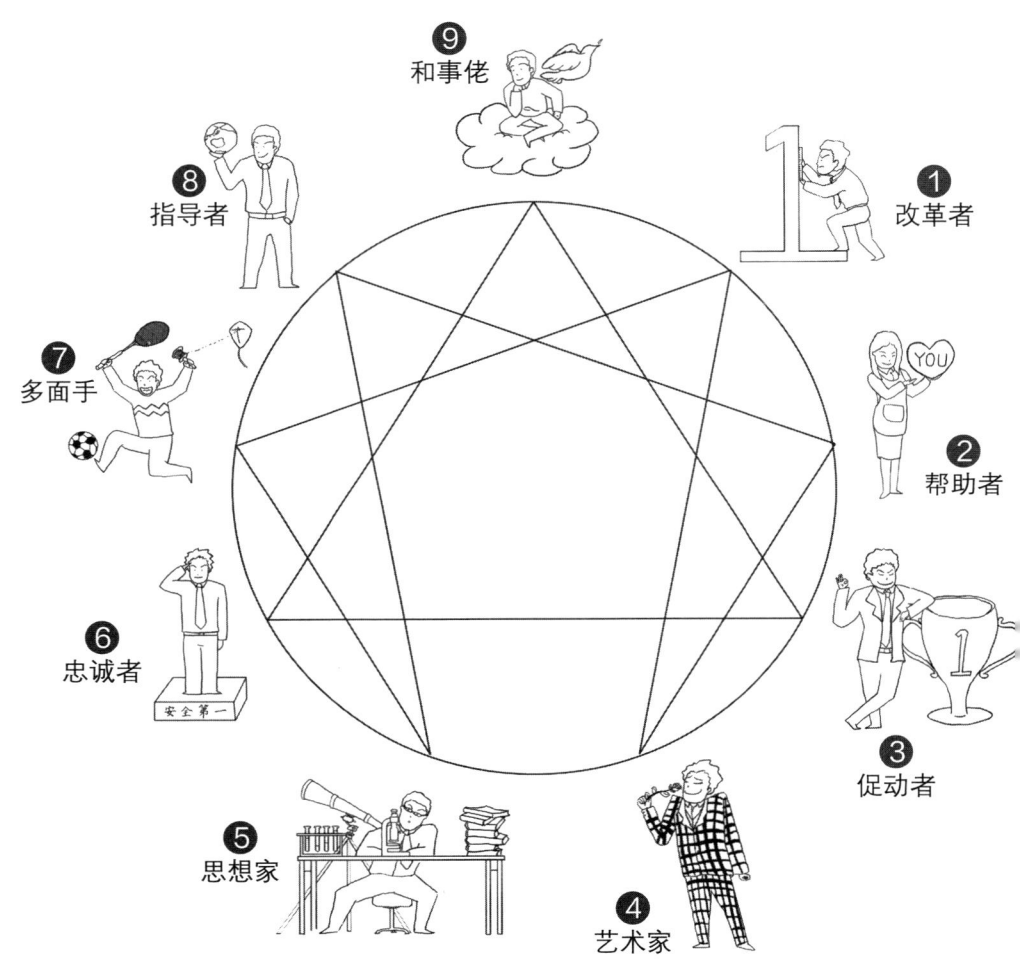

1号：改革者

- 我对自己、对他人有很高的要求，倾向于挑剔。
- 我认为诚信及诚实是做人必备的元素。
- 我不喜欢投机取巧或者对工作不认真的人。
- 别人眼中看到的我倾向于批判及过度追求完美。
- 我要求自己有责任感、承诺感，事事都要做到最好。
- 我期望别人有责任感，讨厌不肯承担责任的同事。
- 我注重工作间整洁及有秩序，规条要清晰，不喜欢程序中有突然的转变。
- 工作完成后才是我嬉戏的时候，我最大的问题是不能放松。

- 我可以接受公平的批判，但通常在别人开口之前我已做了自我批判。

1号特质

基本恐惧：怕自己犯错、变坏、被腐败。

基本欲望：希望自己是对的、好的、贞洁的、有诚信的。

顺境时：正直踏实，能包容他人，能打破条条框框，处事有一定弹性，判断力强，聪慧而理性，重视公平、公正与诚实，大胆挑战不公平的现象，凡事依据原则而行，有理想，能自律与节制，有很高的道德标准。

一般情况下：是非黑白分明，喜欢责难、批判和挑错，对人对己都很苛求，追求完美，做事努力，重视秩序与效率，急躁，认真严肃地对待生活中的一切，视一切休闲消遣活动为浪费时间，总想改变别人。

逆境时：挑剔，心胸狭窄，不肯接纳别人的意见，容易把别人的意见视为恶意的抨击，不接受自己，处事极端呆板，教条主义，绝对化，缺乏弹性，爱否定打击别人。

主要动机：要把事情做对，要完美，做好人，不断改善自我及环境。

在企业里的特点：1号是企业中优秀的组织人才，能觉察计划及工作进展的漏洞；有系统，按部就班，依计划行事；注意力集中于成果、素质；努力勤奋，埋头苦干，很少享受，也很少嘉许自己；对同事要求严格，会板起面孔，欠缺耐性。

领导特点：以事情为中心，以成果为重点，依计划行事，有时会独裁。

适合工作：财务、监察、审计、品质管理等。

日常生活中的1号

改革者，有的书上称他们为"完美主义者"，或者"跟随原则者"。他们容易将注意力集中在对与错上。他们喜欢批评，爱憎分明，活在黑白分明的世界中，无法忍受他人或身边环境的错误。1号有个绰号叫作"捉错专家"——到任何环境中都容易发现别人出错的地方，专长就是抓错处。有时给人"鸡蛋里挑骨头"的感觉。

他们有原则，并以自己的原则为人处事，他们常常会和别人产生关于"应该不应该""公平不公平"的对话。说话时常出现的语句是：你应该这样，不应该那样。1号心中有一杆秤，也就是说有一些标准。需要注意的是，1号的标准是他自己的，不一定与别人的标准相同。1号的信念是"要么我对你错，要么我错你对"，不相信两个都可能是对的，或者两个都可能是错的。1号很绝对化，黑白分明，没有灰色地带。所以，1号往往容易粘在"错"里无法自拔。

他们认真负责，刻苦努力工作，自我要求高。他们严肃地对待生命，很少娱乐。他们热衷于追求完美——虽然这是一件吃力不讨好、永无休止的事情。他们很少赞扬别人，也很少嘉许自己，在他们眼中，一切都有待改进。他们遵守规则，并且痛恨不守规则的人。

他们通常很整洁，穿衣服很整齐，有的1号会有洁癖。他们不会满足于现状，永远想把世界改造得更好，会穷尽一生改善这个世界，也会永远想改造其他人。他们观察力强，思考问题有系统性。

1号是以"不同"而不是"相同"为基础来区分这个世界的。所以常常说"不，不是。"1号给人的印象是爱唱反调的。

1号就像一头勤奋努力的牛。

1号自述

★ 我是搞机械制造的。我的企业中有20多个员工。我很少称赞别人做得好，认为做得好是应该的，做得不好是不应该的。别人跟着我会觉得很累，老是达不到我的要求。我在商店里买东西，老是觉得产品不够完美，我需要暗示自己"不可能太完美"，才能买得了。我对人也是这样，如果我自己做错了，我也会强烈地自责。

★ 我在医院工作。我在工作时很容易发现数据中的问题。虽然我是医疗行业的业内人士，但我一样反对医疗腐败。我专门写了一份很详细的反对医疗腐败的提案交给政府，以纠正这种歪风邪气。我什么都执着于做到最好，追求完美。我很努力地学习，也拿到了行业的高级职称。我挺忙挺累的，却不觉得辛苦，因为我觉得我在做正确的事。

★ 我是个很认真的人。上小学时做了功课，老师会要求我们带回家给家长签名，表示家长看过了。如果家长签的名字是歪的，我会把整篇作业重写，让家长重新签名。我要求保姆放衣服一定要配套的。内裤、袜子要分开放，不能混淆。挤牙膏要从最下端开始挤，我老公老是从中间挤，为了这事，我们吵了很多次。我的座右铭是：遵守诺言。人家说我没能力对我来说没关系，要是说我没信用就会让我很生气。

★我很容易发现别人做错的地方，比如员工写的工作报告，我一眼就能看到其中的错误。我也很容易跟人争辩，一旦辩论起来会不放别人走，从白天一直辩论到晚上。有些事情过了几个星期，我还会拿出来跟人争辩。而且，我会用很多例子来跟人辩论。

2号：帮助者

- 我对待同事处处表现关怀及支持。
- 我与大多数人相处得很好，给人正面、积极及友善的形象。
- 我在遭遇人际冲突或被批评时会产生不安的感觉。
- 有时我的矛盾来自一方面想取悦别人，而另一方面又想跟随自己的意愿做事。
- 我可以轻易洞悉别人的才干和潜能。
- 我倾向于对别人付出，专心照顾别人而忽略自身的需要。
- 我有时对事情的反应太过激烈而失去平衡。
- 我不擅长一个人做首领，会选择与别人合作。
- 我不能够长时间独自工作，喜欢与人同处。
- 只要我与身边的人合得来，工作情绪会自然高涨。

2号特质

基本恐惧：不被爱，不被需要。

基本欲望：感受到爱的存在。

顺境时：慷慨无私，富有很强的同情心，体谅他人，热心助人，主动付出，热情而有活力，充满阳光气息，诚恳而温暖，容易接近，很受人欢迎。

一般情况下：帮助他人，渴望倾诉与身体接触，渴望被爱，易嫉妒，友善，有时热情过度，强迫别人接受自己的付出，占有欲强，给人压迫感，感情丰富，感情用事。

逆境时：情绪化，虚荣心重，操控别人，讨好别人，觉得自己特殊，专制而易怒，多抱怨，因觉得自己的付出与收获不成正比而扮演受害者。

主要动机：被爱，被需要，希望别人喜欢自己多于尊重，成就他人，追求情感上的满足。

在企业里的特点：热心帮助同事，主动与别人建立关系；支持及鼓励团队，产生亲密关系；善于给予建议；不容易向别人求助。

领导特点：以人为本，善于鼓励同事发奋图强，会因顾全大局而放下自己的意见。

适合工作：秘书、社工、客户服务工作等。

日常生活中的2号

在九个型格号码中，2号是最感性的。

帮助者通常很可爱，对人热情，乐善好施。给人感觉是乐于满足别人的需求，而且善于讨人欢心。帮助者在饭桌上为别人夹菜倒茶是常见的事。跟他在一起时，你会觉得自己倍受关注，他会记住你的名字，甚至记住你家人的名字，或者了解你家里发生的很多事情。他买东西很少考虑自己，有很强的直觉，很快能洞察到别人的需要。帮助者跟别人的距离很近，喜欢与别人在一起，喜欢与别人有身体上的接触，比如握握手、拍拍肩膀什么的。帮助者的衣着打扮主要看环境的需要，他们会迁就你、衬托你，不会超过你。跟他们在一起你会感觉倍受关怀、照顾，感觉很温暖。他们很有同情心，很少为自己着想。他们在公司里热心助人，话语中有很多感受式的形容词。帮助者容易真情流露，但在恋爱上表现得很痴缠。他爱问身边的人"你爱我吗？"有时候会给人过分热心甚至以此操控他人的感觉。帮助者的典型心态是：你接受了我的爱，你就是我的人。

2号自述

★ 我在生活中总是不断给予，不管别人需不需要，比如帮别人点菜。总之，我喜欢的就会介绍给人家。帮别人我觉得很快乐。我非常需要爱，一旦堕入情绪中就拔不出来，觉得整个世界都是黑暗的。

★ 昨天我的老乡没有钱，看起来很可怜，我就把刚领的工资给了他，他还觉得不够，我又借了2500元给他。搞得我自己这个月还要找别人借钱生活。但只要能让我身边的人好，我怎么样都没问题。就说吃饭吧，你说要吃酸的，可以；吃辣的，也可以。

★ 工作的气氛和谐与否对我很重要。如果不和谐，我很快就会跑掉。别人对我多笑就可以，别人对我凶、板着脸就不行。我希望我的团队是相亲相爱的，好像一家人一样。我很会体谅别人，有一次，我去另一个城市学习，我先生说要开车来接我，我拒绝了他，因为我考虑到他一个人开车来很辛苦。朋友叫我外出吃饭，我因为想到小孩一个人在家，所以拒绝了，说我要回去陪他。

★我非常有同情心。我看见马路边的乞丐很惨，不但给钱，还会赔上眼泪。别人来找我借钱，我从来不好意思拒绝。有一个朋友借了我的钱，后来发达了，我先生叫我把借给他的钱追回来，我也不想去追，总认为他还有其他的用途。我打算退休之后当义工。

★我真的很怕别人不爱我。当我去爱身边的人时我会全心投入，不在乎得失。我判断不出别人对我的爱、对我的需要是不是真的，所以会不断地追问别人爱不爱我、需不需要我。别人越需要我，我就觉得越有价值。

★我跟家人外出旅游，订酒店、飞机票、船票什么的都由我搞定，好让他们舒服地玩。我辛苦一点没关系。可是他们不喜欢我这样，我就很受伤了。我以为他们应该高兴的，其实他们一点都不高兴，因为我没有问他们需要什么。我很喜欢问我的孩子，喜欢爸爸还是妈妈，如果他说喜欢爸爸我就不高兴，一定要他说喜欢我才行。

3号：促动者

- 我重视成功，肯为成功付出最大的努力。
- 我尽力避免失败。
- 我具有强烈的目标感。
- 我喜欢一有机会就马上投入工作，不耐烦慢动作和"阻碍地球转"的人。
- 我不能明白为何有些人那么谨慎，事事都要细致地策划才付诸行动。
- 我富于自信，欢迎竞争。
- 我是实用主义的信徒，为了提高效率，可以随时更改游戏规则。
- 我将工作放在家庭前面。
- 我不喜欢拿时间出来轻松一下，也不喜欢花时间去建立人际关系。

3号特质

基本恐惧：没有成就，一事无成。

基本欲望：感觉有价值，被接受。

顺境时：精明能干，充满活力，自信而有魅力，愿意自我肯定内在的价值，乐观主动，感染力强，外向，行动敏捷，不断进取，成就出众，有"不到黄河心不死"的韧性，是富有同理心的领袖。

一般情况下：目标导向，注重形象与名望，将外在的成就误以为是真正的自我价值，爱与别人比较，竞争心，爱自我推销，喜欢出风头，炫耀，喜欢走捷径，容易看不起人。

逆境时：工于心计，为达目的不择手段，会欺骗与说谎，妒忌心强，踩踏别人抬高自己，会剥削和利用他人，把他人当作成功的垫脚石，自恋与残暴。

主要动机：做第一名，被认可，成为被仰慕与关注的对象。

在企业里的特点：目标感强；爱冒险，有效率；有奋斗心，立志成功，向上爬；喜欢与别人比较及竞争，独来独往，与团队抽离；较注重自己的成败得失，有时会炫耀自己。

领导特色：以目标为本，重视成就，爱表现，有效率，有时会变得专制。

适合工作：销售、公关等。

日常生活中的3号

3号不仅自己行动力强，而且也富有感染力，能够带动身边的人，所以我们称3号为促动者。他们的目标感很强，精明自信，虚荣心强，自我肯定，表现多外向，充满活力。他们羡慕成功者并执着地追求成功，处处要争第一。喜欢压倒别人，有很强的竞争心。他们为了目标有时会忽略身边人的感受。促动者很注意自己的形象，视不同场合表现自己最好的一面，通常以成功者的形象出现，而失落的时候则会将自己隐藏起来。很多人都知道促动者追求成功，其实促动者想要的不仅仅是成功，更重要的是以自己的成功来获取人们的景仰。促动者喜欢在有竞争性的环境中，这个环境中他人可以比他强一些，但不能强太多。如果身边的人比他强太多，令他完全没有赢的希望，他就会换一个环境从头再来。总之，在促动者所处的环境中，他一定要有机会出人头地。

他们是天生的交际能手，衣着光鲜，眼神明亮，很有能量，有很多奖牌和证书，并以此向他人炫耀。知道在什么场合说什么话，见人说人话，见鬼说鬼话。他们会主动与人沟通，言语中常出现口号和宣言，常为自己和他人做广告。促动者总是把自己最光彩的一面展现给别人，而把不好的一面藏起来。有时会有夸大其词之嫌。促动者重视名利，而且，对促动者来说名比利更重要。他们被形容为两头燃烧的蜡烛，比别人加倍地消耗自己，往往因为工作而无暇顾及自己的身体健康。

促动者的弱点是突出个人成就而容易忽略团队。

3号自述

★我觉得一事无成就不应该活着。我的目标感非常强。

我四五岁的时候，为了得到一块玻璃，想方设法地接近某个人，跟他混熟，最后从他那里成功要到一块玻璃。我会说一些善意的谎言。我喜欢炫耀——我经常告诉自己不要说了、不要说了，但还是忍不住要说。我买衣服一定要买名牌，以前我只有2000元的月薪时，我都会买1500元的西装。我喜欢张扬，喜欢别人表扬我，把我捧上去。我也善于演戏，懂得如何欲擒故纵。

★我认为没有我做不到的事。我会用脑力、手段和身边所有的关系达成目的。随着自己的长大，我喜欢在谈判桌上与人讨价还价：我要7，你只能要3。我常隐藏自己的情绪，平时不开心时我就用工作麻痹自己的神经。我觉得自己在办公室没办法跟别人一样笑。

★我最喜悦的时候是小时候作文比赛得奖。有一次，我们拍了一条影视广告片，客户称赞了我一句："你太厉害了。"我高兴得要命。尤其，他是当着大家的面称赞我的。我觉得自己什么都可以做到，不行也要行。我特别怕别人说我没用、没价值。

★我的目标明确，我想得到的一定要得到，不怕有困难。我想建楼房，资金不够。我觉得自己做得到，可以一边做一边想办法，结果我也确实做到了。我会花很多时间来打扮自己，让别人看到我最光彩的一面。

★参加工作时我就立志要做单位里最年轻的科长，后来我做到了，觉得没什么意思，就辞职出来自己闯。没有人给我压力，我是自己给自己压力。我先生叫我不要做那么多，不如多待在家里。我想，如果80岁时我还跟现在一样，就太可怕了。我做事不喜欢规定什么方式，只要达到目标就好了，你别管我用什么方法。我目标感很强，爱学习，看不起一事无成的人。

4号：艺术家

- 我认为保持独特是很重要的。
- 我必须经常接触到真正的内在感受。
- 我不喜欢枯燥无味的工作，喜欢有意义的工作。
- 对肤浅的人我会感到不耐烦。
- 我喜欢凡事追求深层的意义。
- 我在个人生活及工作中都会找寻方式去表达创意。
- 我具有良好的审美眼光，善于美化环境。
- 我能够感同身受。
- 有时我很情绪化，对情绪平稳的人会造成困扰。

4号特质

基本恐惧： 缺乏独特的自我认同或存在意义。

基本欲望： 找自我，在内在经验中找到自我认同。

顺境时： 灵感不断，富有创造力，感情真挚而坦诚，观人于微，给予别人贴身的支持,感恩,自我洞察力强,直觉强,敏感,肯定自我并表现自我,有幽默感,愿意承担。

一般情况下:内向,充满幻想,注重感觉,有艺术气质,倾向情绪化,感情脆弱,自我放纵,追求浪漫与独特,将生活理想化,自我。

逆境时:忧郁,多愁善感,自怜自艾,自我怀疑,自我破坏,对世界充满不信任的感觉,远离人群,爱回忆过去,沉溺于痛苦等负面情绪中难以自拔。

主要动机:追求独特,寻找生命的意义及自我了解。

在企业里的特点:有创意,直觉性强,能从传统的规范之外看到事情的意义,较为注重工作过程中的感受,而不一定执着于达到成果与目标。

领导特色:勇于尝试创新,创造传统以外的气氛;易被情绪控制,不容易妥协。

适合工作:设计、创作等需要创意的工作。

日常生活中的4号

之所以给4号起名叫艺术家,是因为确实有很多艺术家都是4号这种类型的人。

4号是活在过去、活在自己感觉中的人格。对于4号来说,感觉比成果更重要。4号跟2号、3号一样,都属于感觉型人格,洞察力强,很敏锐,能很快了解到身边人的感觉。他们喜欢凭直觉行事,凡事有感觉才会去做,活在自己的感觉世界里。他们自我意识强，喜欢与众不同，衣着打扮会显得很独特。4号讲究品位，不喜欢平凡，容易被美的事物吸引。并且，4号擅长用美的事物来表达自己的感情。另外，很多4号都喜欢一些精巧别致的饰物。

4号属于内向的人格，喜欢自我沉思。4号很敏锐，能够洞察到别人表情情绪中细微的变化。4号在感情上很贪心。

4号常觉得自己不完美。他们一方面不断追寻自我，探索心灵的意义；一方面感觉不被别人了解。4号多愁善感，情绪化，表现得浪漫，习惯于从现实逃到自己的幻想中。4号给人以若即若离、捉摸不定的感觉。做白日梦是4号的强项。

4号有沉溺于痛苦中的倾向，容易忧郁。据统计，4号是自杀率最高的型号。

4号不会锦上添花，而会雪中送炭。

4号自述

★上小学时，我就喜欢写诗、写小说，写得富有感性，全班同学看了都会掉眼泪。张国荣死的时候，别人都说可惜，但我说他就应该这么死去。这是他最好的告别方式。我认同他这种独特的人生。我喜欢玩失踪。原来我有一个男友很喜欢我。有一次，过生日时我把电话关掉，沉浸在自己的感觉当中，直到下午才开机。我男朋友找不到我，当时很着急。在感情方面我是若即若离的。如果对方对我很好，我会离得很远；如果对方若即若离，我反而会被吸引。我喜欢自由自在的工作，不喜欢别人来管。

★我长这么大一直没有偶像，我的偶像就是我自己。我认为自己太完美。我喜欢与众不同的生活方式。很多时候我会想到三毛，我觉得我喜欢她那种生活方式。我在19岁时曾经自杀过。那时我跳进水里，感受到水里的水草，甚至还感觉到水草上细微的叶子。那一瞬间，我脑袋里闪过很多念头，"原来人们说水里有吊死鬼是这么回事""为什么没有人来救我""死就死，没什么"。还有一次，我离开丈夫，从家里搬出去，我觉得终于有了一个体验痛苦的机会。其实很多时候，我没有自己所表现得那样痛苦。有一次，上司问我："你今天看上去好像不太舒服。"我本来没什么，他这样问我，我就觉得我应该表现得更痛苦。于是我说"没事"，眼泪却一下子就流下来了。其实我心里没有觉得痛苦。没有人可以描述我内心的感受。全世界有那么多人，没有一个人可以理解我。我觉得我是最特别的，其他人都很庸俗。

5号：思想家

- 我是行业中的专家，善于设计策略。
- 我喜欢学习和积累知识。
- 我容易掌握概念，而对人的知识却相当贫乏。
- 我注重个人空间及时间，与人相处太久会产生疲累感。
- 当我有充分的准备时，可以成为出色的导师。
- 我是上佳的观察家，是生命的旁观者。
- 我不会贸然参与他人的活动，因为必须保存我个人的资源。
- 我可以长时间单独工作，被人认为是退缩及不愿意支持别人。
- 我绝对自给自足，又能自我推动。
- 我拥有丰富的内在世界。

5号特质

基本恐惧：无助，无能，无知。

基本欲望：能干，知识丰富。

顺境时：聪明，有卓越的洞察与分析能力，见解独到而深刻，能专注于某一领域，博学而专精，办事巨细无遗，好学，求知欲强，有独创与革新精神。

一般情况下：喜欢抽象思维，抽离，冷静旁观，在思维世界中自给自足，钻牛角尖，缺乏行动力，缺乏感情及感受，也不留意别人的情感，书生意气。

逆境时：逃避，愤世嫉俗，充满敌意，妄想，孤独，狂躁，自我封闭，把自己困于某些思维模式中，有破坏别人及自己的倾向。

主要动机：追求知识，了解世界深层的运作。

在企业里的特点：策划力强，善于对环境及策略做出有创意的分析；精于通过专门知识研究事物；在实际操作及领导指挥方面较为逊色，与他人的关系较抽离。

领导特色：能看清事情的来龙去脉，喜欢遥控领导，善于策划。

适合工作：策划、整合、管理、研究工作。

日常生活中的5号

5号常常扮演生活中的观察者。他们给人感觉非常理性，书卷气重，注重精神生活的丰盛而没有太多的物质渴求。他们喜欢观察、分析、钻研，往往是某一个领域的专家。5号跟4号都容易抽离，4号抽离到感觉中，5号抽离到思维中。

5号是九个号码中最为理性的号码。5号不容易流露感情。面部表情不丰富，抽离。不太讲求感受，身体语言不丰富，为人冷静。情绪起伏不大，很少冲动，感情上不会纠缠不休。5号给人感觉所有精力都用来思考和学习了。5号相信知识就是力量。5号的弱点是容易把想过当成做过。

在家里或公司里，5号都需要一个独处的时间和空间，不喜欢被打扰。你离他太近他会跑开。太多时间用于应酬交际会让5号觉得很累。5号常常觉得自己怀才不遇，与人交流时会容易有"话不投机半句多"的感觉。

5号喜欢把不同的人、事、物分门别类。思维很有逻辑性，说话常常清晰地分为一二三四五点。凡事喜欢刨根问底。看人也是当作物品来研究。喜欢看书。缺乏感情，说话没有感觉方面的形容词，有时会固执己见。5号跟1号都喜欢争辩。不同的是1号争辩是怕自己错，5号不怕错，5号相信真理越辩越明。

5号自述

★我喜欢看书，追求知识。我家里存有几种版本的《十万个为什么》。有20世纪50年代的、60年代的，还有最新的版本。我对很多事情比别人了解得更深。比如，我知道为什么美国攻打伊拉克时所有士兵的发型都是一样的——头部中间留有头发，四周剃光。中间留头发是为了戴钢盔不打滑，而四边剃光是为了受伤时好包扎。中国对越自卫反击战的时候战士们全都剃光头，钢盔极容易打滑，结果令很多人受伤。

★我喜欢一边看书一边听音乐。我看的书很杂。我对物质生活的要求不高，家里的东西都是实用而简单的。我觉得自己不太善于交际，在一些社交场合显得有点呆板。但如果有人跟我谈到我熟悉的话题，我会滔滔不绝地讲很多。

★我很喜欢思考，我的归纳能力很强，能找出很多看似不相关的东西之间的规律。我经常因为思考而忽略了身边的人和事。有两次我在下车的时候想事情，不自觉地关上车门，没有留意到在我身后正准备下车的人。可能别人会觉得我不尊重他们，或者对人情世故缺乏了解。其实我认为自己只不过常活在自己的思维中。

★我对温度、色彩都不是很敏感。如果我在某个领域钻研下去，就会超过很多人，很容易成为这个领域内的专家。比如，我做律师就要做最好的律师。我在生活享受方面不是太讲究，内心世界却很丰富。

6号：忠诚者

- 我对公司忠心耿耿。
- 我采取行动前，必须对事情有透彻的了解，且要预先设计好策略。
- 我精于预测问题和提供解决方案。
- 与不喜欢策划的人共事我会有烦躁不安的感觉。
- 我喜欢事事都有大前提作为指引。
- 我常因过度的策划及了解导致时间拖延。
- 我必须知道老板怎样评估自己。
- 我不喜欢工作环境中有含糊或未知的因素，事事要求清晰。
- 我需要清晰的人事及权力构架，以及规则清楚的工作环境。
- 遇到人际冲突，我认为最好公开解决，猜度会令我产生焦虑。
- 我擅于洞悉别人的动机。
- 赞誉我的话最好有根有据。

6号特质

基本恐惧：得不到支持及引导，单凭一己的能力无法生存。

基本欲望：得到支持及安全感。

顺境时：有亲和力，忠诚可靠，肯支援团队，有责任心，勤奋、值得信赖，有良好的合作精神，相信自己和他人，懂得享受生活，踏实，平和。

一般情况下：小心谨慎，依赖权威，时常指责他人，不敢承担责任，固执，优柔寡断，多疑，处事易拖延，只能在熟悉的环境中运作，抱着"不求有功，但求无过"的心态。

逆境时：焦虑，紧张，缺乏自信，极度缺乏安全感，到处寻找安全感，对刺激过度反应，自我打击，有被虐倾向。

主要动机：安全，被支持，被团队接纳，不要独树一帜、与众不同。

在企业里的特点：尽忠职守，忠心，有团队精神，为大局着想。忠于上司任命，较难自己拿主意。被动及安全。

领导特色：以人为本，是一位忠诚的政策执行者，警觉性高，善于处理危机。

适合工作：建立系统、设立防范机制、顾问等工作。

日常生活中的6号

6号比较保守，不会标新立异。

他们的穿着比较朴素、传统，通常不会追求时髦。6号很喜欢问问题，小心谨慎，深思熟虑，对未发生的事会表现出很多担心、怀疑。不敢承担太多的责任，在人群中不想突出自己。许多6号会因为需要扮演领袖角色而忐忑不安，他们不想人们注意自己。6号很有团队精神，愿意扶助弱者，有时会表现得很依赖权威。责任感非常强，团队精神较好。

6号容易成为你一辈子的朋友。他们为人忠诚，不喜欢说谎，你骗他们一次，他们会记住一世。6号有个绰号叫"保皇党"。

6号比较专一，很少跳槽。他们缺少安全感，难以适应不安全的环境，常会习惯性地保护自己。他们的典型思维方式是居安思危。6号出门会带很多的救生、照明工具，以及常用药物，电脑里的文件也常有多个备份，以防万一。6号和4号的危机感都很强。与4号活在过去相反，6号是活在未来。6号活在对未来的担心中，太多顺境会令6号产生疑虑。2号跟人建立亲密关系是为了爱，而6号跟人建立亲密关系是为了安全。

逆境中的6号喜欢自我贬抑，并找打找骂。你骂他一通，他反而觉得舒服、安全。

6号自述

★我觉得团队很重要，又觉得团队还应该更好些。我觉得未雨绸缪非常好。

★我对老板非常忠诚，做事一丝不苟、很负责任。我期望达到父母、老板的要求，不喜欢那些不干活的人。我说话有点战战兢兢的。我比较信服权威，而一般人我是看不上的。我只信服那些特别厉害的人。对真正的权威有点惶恐。我觉得自己是个打工仔的料，重要的事情还是想让别人来做决定，又希望自己不要被条条框框约束。平时最担心的是我的女儿，我怕万一我出了什么事，她以后怎么办。

★我第一次到深圳的时候，明知要先坐火车，然后坐的士，但我仍问了很多人该怎么走。在工作上我喜欢做打工仔，而在家里我则喜欢控制我老公。

★我好像永远比别人慢一拍。我做所有事都是安全第一。比如投资做生意，看过了三四十个行业，考察了好几年都没有做决定。感觉每一个行业、每一个项目都有其不安全的一面。去客户的工厂，我会看看还有什么出口，心想万一有什么事发生，方便逃命。我很重承诺，但凡承诺过就一定要做到，否则会觉得对不起人家。很多时候会把别人的需求放在自己的需求前面。

★如果有人指导我，我心里会感觉踏实。如果谁说自己很有钱、有房、有车，我不会买他的账。而一个人如果很有能力，我会很服他。别人都觉得我很坚强，挺有实力的。我对朋友很忠诚。我有一个客户，我明知他是赌博输了钱，还是借钱给他。我感觉自己有时会优柔寡断。我老感觉自己没有安全感。我买房都买10层以下，我跟人说："矮一点好，如果没电我还可以走楼梯。"我最担心的是父母身体不好，住院。

★买车的时候我会关心有几个气囊，这款车的安全性能好不好。一般来说我不会轻易承诺,除非对这件事很有把握。我会担心很多,我女儿十几岁了我就担心了十几年。去到很高的楼层时我也会担心,如果遇上地震该怎么办。我跟朋友的关系会维持很久。我每次回老家都会跟以前的老板打电话。

7 号：多面手

- 我是策划高手，也懂得将来自各方的意见及资料汇集。
- 我对很多事情都感兴趣，享受崭新的经验。
- 生命对我来说是一场极有趣的经历。
- 我可以找到方法享受工作及享受同事之间的相处，讨厌刻板工作。
- 我倾向乐观，经常看到许多可能性。
- 我懂得辅导、推动别人，但讨厌悲观及不分享自己热诚的人。
- 我精于创造远见及开始新的工作项目，但没有兴趣参与真正的工作。
- 我的工作方式并不传统。
- 对我而言，工作必须有创意，才能有出色的表现。
- 我不喜欢有太多的督促及直接的指示。

7号特质

基本恐惧：被剥削，被困于痛苦中。

基本欲望：追求快乐、满足、得偿所愿。

顺境时：充满欢乐，乐观豁达，热心而宽容，有想象力与创造力，精力充沛，多才多艺，具有鉴赏力，为人群带来欢乐，令人觉得生命充满希望。

一般情况下：焦点多，贪玩，自我中心，沉迷于物欲，注重享受，追求新奇事物，不在乎别人的感受，常为不负责任的言行自圆其说，自我娱乐，贪得无厌。

逆境时：不切实际，经常妄想能够以小搏大，冲动，有攻击性，爱出风头，有时行为失控，夸张炫耀，于逸乐中逃避现实。

主要动机：追求快乐，在没有干扰的条件下自由自在地享受生活。

在企业里的特点：有创造力，主意多；对团队有推动力，极具激励与鼓动精神；喜欢不断换新项目，属于行动型；欠缺坚持与深入思考。

领导特色：团队的领导，善于变革创新，积极乐观，能提拔下属。

适合工作：创作、娱乐工作。

日常生活中的7号

7号的口号：最要紧的是好玩。他们的生活五彩缤纷，对于他们来说，世界就是一个大游乐场。他们喜欢探寻新鲜事物，享受生活，追求吃喝玩乐等物质享受。不喜欢重复单调的生活和工作环境。

7号为人热情，性格外向，活力十足。7号很讲义气。他们不甘寂寞，脑子转得快，很聪明，不会让自己停下来。小时候的7号通常调皮捣蛋，是很多老师的噩梦。他们爱参加各种聚会，时间表排得很满，每天都为自己安排很多节目。他们是搞气氛的高手，合群而富有想象力，但随时会改变主意。不好玩的时候会离场，给人感觉没有承诺。最怕被绑住，不愿承担责任，对人对事都是这样。做事有头无尾，三天打鱼两天晒网。7号的女性通常不喜欢长期照顾小孩。

相对于比较严肃的人，这种人看起来比较肤浅。7号是杂家而不是专家。7号喜欢把复杂的事情简单化，他们乐意分享喜悦，逃避痛苦，害怕闷的感觉，会花精力让别人也感到快乐，但有时显得以自我为中心。

7号常常语不惊人死不休。别人骂人是"去死吧，你！"7号骂人是"去填海吧"——废物才用来填海。

3号重名利，花钱用来包装。7号重名利，花钱用来玩乐享受，没有3号对目标的执着。4号也喜欢玩，但4号玩后会一下子静下来。7号玩后也不会停下来。

7号自述

★我觉得我根本不可能有痛苦。反正天塌下来，有地顶着。我连撞车都能交到朋友。有一次，我撞了一辆宝马，我想的是这辆宝马款式太老了，要撞也该撞一辆新款的。

总之，我觉得开心比什么都重要。

★我从小到大最开心的事是跟爸妈出去玩儿，跟朋友泡吧，赚钱也是为了玩儿。我生命中最大的恐惧是：生病、怀孕，因为我很怕闷。我当初想学师范类专业当老师，主要是觉得跟小朋友在一起很好玩。后来去了，发现很闷——小朋友去厕所都要跟老师讲。而且当老师要准时上班，而我每天都要玩到凌晨三四点，怎么起床啊？

★我鬼点子特别多。读书时喜欢给老师取绰号，什么"秃鹰"啊、"企鹅"啊……我小动作很多，曾经为了作弄某个男生，在他的凳子上倒了风油精。

★我的收藏品特别多，但我只是买回去而已，很久都不会去动它们。我每到一个地方首先是看当地有什么好吃的、出名的东西。我喜欢旅游，以蔡澜为偶像，我觉得他吃得很精致，身边也有很多美女。我没什么时间观念，很多事情说了就忘。很多人投诉我没承诺，我自己也觉得得改。我通常早上喝早茶，整个上午只去上一个小时的班，并且会找一些地方开心一下。

★我在课堂上没纪律，很捣蛋。上课不认真听讲，小动作特多，坐不住。有人可以一起玩儿，我就跟他玩、骚扰他；没人可以一起玩儿，我会自娱自乐。比如，我会把历史、政治课本中的人物插图篡改，把男的改成女的，女的加上胡须后改成男的。

★我不喜欢小孩。我下个月结婚，丈夫和婆婆都很想要小孩。我觉得自己都照顾不好自己,怎么为小孩负责任。我口直,常常一句话把人噎个半死。和朋友出去吃饭,带路的都是我。有我在,大家会玩儿得很开心。

8号：指导者

- 在别人眼里，我是坚强而能干的。
- 我处事立场坚定，即使可能引起人际冲突，也不怕别人知道我真正的感受。
- 我喜欢直截了当地沟通，讨厌拐弯抹角说话兜圈子的人。
- 就算不是刻意表现，我也会经常做领袖的角色。
- 我认为每个环境都需要有主持人，在必要的时候，我会主动请缨扮演这个角色。
- 我欣赏有真正领导能力的人，并愿意追随他。
- 我相信直觉，会凭直觉做出决定。
- 我喜欢坐言起行，讨厌只讲不做或满腹理论没有实际行动的人。
- 我对同事相当慷慨而且愿意保护他们。
- 当同事遭受不公平的待遇时，我会仗义执言。
- 我有时对同事的要求比较高。

- 我的自我肯定的态度令有些人觉得比较霸道或有威吓性。
- 我不介意别人是否喜欢自己，但我必须受到尊重。

8号特质

基本恐惧：被认为软弱、被人伤害、控制、侵犯。

基本欲望：决定自己生命中的方向，捍卫自身的利益，渴望做强者。

顺境时：充满正义感，主持公道，保护他人，勇于承担，宽宏大量，自信坚定，行动力强，领导他人，坚强，有决断力。

一般情况下：爱操控他人与环境，敢于冒险，事业心强，有攻击性与扩张性，自我而任性，好斗，自视过高，自我膨胀。

逆境时：手段强硬，独裁而充满暴力，要求别人牺牲小我去成就他（她）的"大我"，喜欢追求权力，我行我素，冷漠，浮夸，复仇心重。

主要动机：掌控环境，在每件事上都要有抉择权、彻底的自由。

在企业里的特点：爱出主意，主持大局，挑大梁，善于指挥，任命他人，有领导力，不容易妥协，容易与伙伴冲突。

领导特色：指挥能力强，有控制力，有时让人觉得专制，率直而不客气。

适合工作：管理者，领导者。

日常生活中的8号

他们喜欢表现自己刚强的一面，而常对疾病、痛苦视而不见。

他们追求权力与地位。他们的外在表现自信心十足，行动力强，精力充沛，处事果断，敢作敢为，很有霸气，好斗。他们说话声音比较大，勇字当头。他们喜欢赢，不仅喜欢赢，还要彻底把对手击垮。他们好面子，凡事都要自己对。他们通常是支配者，没有耐心聆听别人的观点，似乎只有在完全由自己决定、指挥的时候才有真正的快乐。他们霸气、缺乏谋略，不计后果。

8号通常不记别人的名字，给人以不尊重别人的感觉。

他们凡事要求真理和明确的解决之道，不能容忍拖延犹豫，容易发怒，给人感觉有攻击性。他们喜欢直率与诚实地沟通，哪怕有时会冒犯别人。在一个团队中，他们会被视为大哥大姐，喜欢保护下属或追随者。8号是复仇心最强的号码。典型语言是："士可杀，不可辱。明知山有虎，偏向虎山行。""对着干"三个字令8号兴奋。

8号喜欢做创业者，从零开始，从无到有。8号很小就懂得赚钱。8号讨厌例行的检查。

8号喜欢显露自己的权势。3号也喜欢显露，但显露的是自己物质上的优势。8号做第一是要建立自己的王国，行业老大。3号做第一是要突出自己的能力。8号的成就感来自要怎么做就怎么做。3号的成就感来自外在的肯定。

8号自述

★我五六岁的时候跟邻居的孩子打架，对方年龄比我大，我打不过，但我还是要打。我敢于冒险，也很有同情心。我跟下属说话的方式很直接，很反感说话兜圈子。我不喜欢依赖，喜欢挑战。我不喜欢帮人打工，喜欢自己做事。我最怕别人说我不如其他人，所以一定要赢竞争对手。我也很怕被人出卖。那些提出要干掉我的对手，他的日子不会好过，因为我一定要把他打垮。

★我很恐惧别人说我软弱。我在同行面前一定要做到最好。开会时我说得最多，员工都不敢说话。我喜欢指示别人，控制他们，什么事都一定要做到。我要员工做事，他们常说做不到，而我认为天下没有做不到的事。我最喜欢垄断。有个香港歌手在广州开了八场演唱会，我垄断了其中五场的票。我的人生旅途很多改变，每次改变都是因为我不想受别人的气。命运是由我自己主宰的。我要成为行业里的教父，让别人都尊重我。

★我很有野心。谁比我强我就要超过他。我15岁起就走南闯北，什么都不怕。我很怕被人控制。在家族企业中，如果我妈跟我有隔阂，我就会想如何架空她，让她回去休息。在团队中，我不说话时没人敢说话。

★我喜欢节奏快的人，不喜欢节奏慢的人。我觉得我一个人可以顶十个人。我最怕别人说我是弱者。我小时候曾帮妹妹打架，教训那些高年级的学生。我的东西就是我的，没经过我的允许不可以乱动。否则我会认为你在控制我的东西。就算最后你还给我了，也要受到惩罚。我喜欢操控，就算看电视，遥控器也一定要在我的手上。

9号：和事佬

- 我喜欢在工作上寻求平衡及和谐，避免冲突。
- 我要程序清楚，不能容忍环境中有太多的未知数。
- 我的适应能力强，但会抗拒突如其来的转变。
- 我对人对事的接受度颇高，在一般人心目中是个好的聆听者。
- 遇到人际冲突的时候，我会做"和事佬"。
- 我立场清晰，害怕被别人的意见操控。
- 我有时太过投入在细节中，不能集中精神去处理重要的事项。
- 我需要同事给予较多的响应和支持。
- 如果工作性质及环境适合，我可以有高效的表现。

9号特质

基本恐惧：失去，分离，被歼灭。

基本欲望：维系内在的平静和安稳。

顺境时：有童心，对人和善，慷慨大度，心平气和，纯真而富有耐心，支持他人，轻松温和，有同理心，勇于实践。

一般情况下：害怕冲突，容易分心，过度忍耐，不愿竞争，不愿改变，随意性强，迁就别人的意见，人云亦云，没有自己的立场。

逆境时：抱怨，麻木不仁，将事情过分合理化，懒惰拖延，没有行动力，缺乏焦点，迷茫。

主要动机：追求和平，维持现状，以不变应万变。

在企业里的特点：能与团队和谐共处，安抚同事，调停冲突，善于欣赏别人，能发现事情好的一面与同事的长处，心肠软，容易受人影响放弃自己的立场。容易分心，有拖延重要事情的倾向。

领导特色：以人为本，能体恤团队的需要，顺其自然，凡事往好处看。

适合工作：人事、调研、仲裁。

日常生活中的9号

和事佬又称媒介者或追求和平者。外表看上去有些懒散，通常自我要求不高。为人和气、友善，是个好好先生，人缘不错。不喜欢冲突，容易看到别人的优点，认同别人的意见和感受，迁就别人，没有攻击性。9号也习惯于将所有事情合理化，喜欢大事化小，小事化了，是个逃避压力的高手。9号处处强调别人的优势。容易小看自己。

他们容易抽离当下的环境，上课开会经常会走神。他们不喜欢选择，不喜欢做决定，不喜欢表达自己的立场。他们觉得做决定是件很烦的事。9号好像没有什么记性，对人对事很包容、随和，但也比较闷，比较被动，喜欢没事看电视。9号是一个老好人。他们很少直接拒绝别人的要求，平时不发脾气，但几年中会发一次大的脾气。他们常有拖延的习惯。

适应对9号来说就是好的，改变对9号来说就是不好的。9号是强烈的宿命论者，喜欢听天由命。信奉"命里有时终须有，命里无时莫强求"。

9号认可的分内的事会做得很好，分外的事他就不愿意做了。所以给他划的圈子要大。

9号是一个很好的老师，会耐心、不厌其烦、毫无保留地教人。

9号自述

★我认可的事会做得很好，不认可的事就会拖拉。我做过老师，算是一个很好的老师。离开学校多年仍然有很多学生跟我联系。我一直信奉"多一事不如少一事""家和万事兴"。

★可以说我是很平和的，我不喜欢跟人争斗。我自己的要求不高。我有房有车，朋友说你可以买别墅。我的经济能力买别墅没有问题，但我觉得已经可以了，不用再争取了。我有时也会拖拉。客户出现问题时我很容易拖时间，不去面对。对员工也是，走了就走了，我认为旧的不去，新的不来。

★ 我一向希望身边的人平平静静、开开心心的。最好不要有矛盾、冲突。我希望家里的人事业好、身体也好。在企业里我先生是 8 号，很强势，很多人都怕他，所以很多人爱找我解决问题。我觉得我是企业里的润滑剂。

★ 我觉得自己做人比较被动。我老婆叫我跑步，在她推动我的时候我去一两次，然后就不去了。我回家坐在沙发上时不会坐正，东倒西歪的，整个人是软的。我不大和人主动交往。长这么大倒也没什么关系不好的朋友。我不喜欢企业里人际关系太复杂，无论谁搞办公室政治，我都不会参与。

关于九种型号性格的描述先到这里。在下一章，我们会从生活中的方方面面，更广泛地感知九型。

第4章
日常生活中的九型呈现

我们不仅要从理论上学习九型，也要在生活中进一步把握性格的差异。

不同性格的人在生活中会有相同的选择，也会有不同的表现。

这些表现常常会体现在生活细节中。

这些差异虽然不是绝对的，但可以帮助我们多一些渠道观察和了解身边的人。

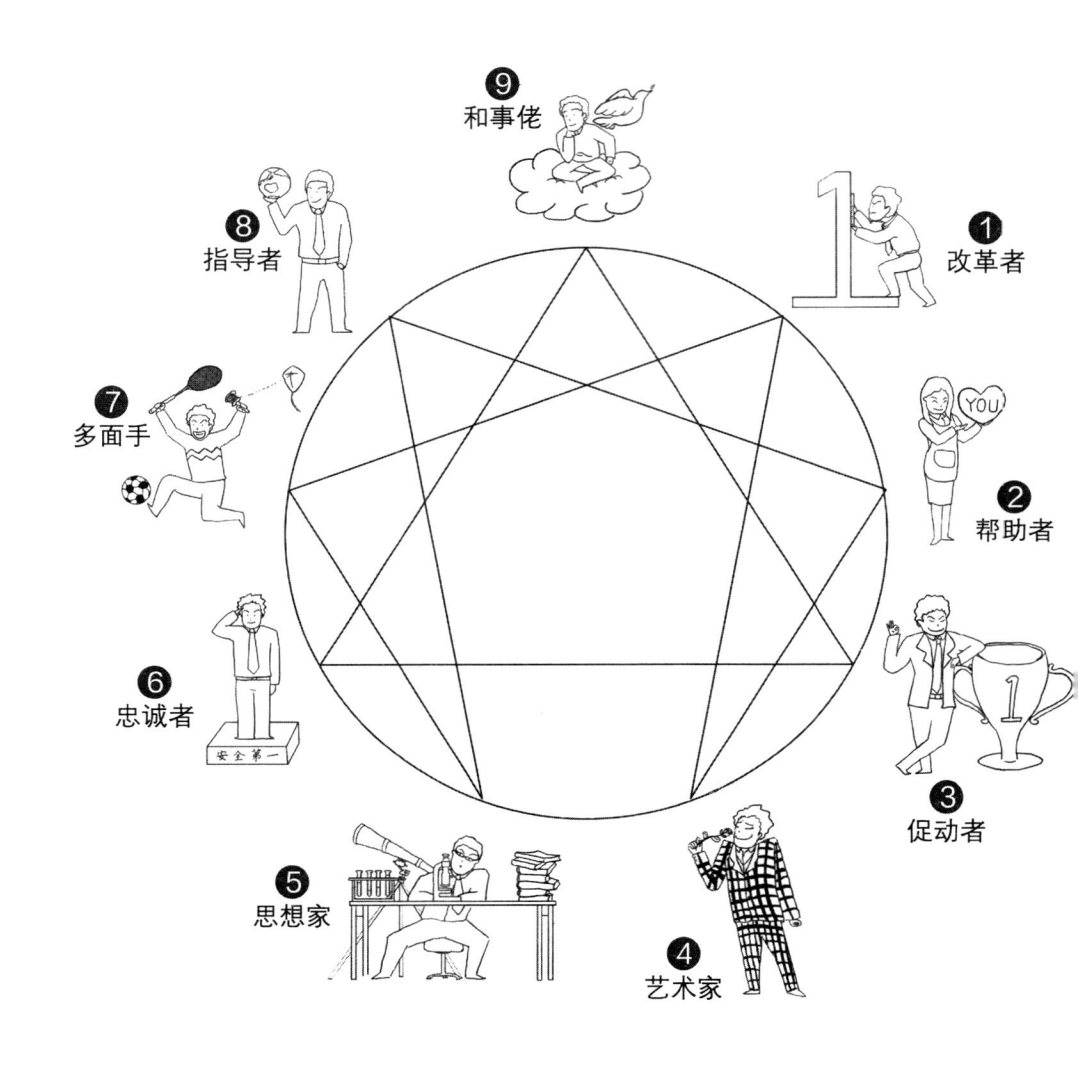

❶ 改革者
❷ 帮助者
❸ 促动者
❹ 艺术家
❺ 思想家
❻ 忠诚者
❼ 多面手
❽ 指导者
❾ 和事佬

在前面的章节中，我们从概念入手，认识了九种性格的特点，而在本章里，我们将从日常生活中来加深对九型的理解。

九型人格的独特气质

下面，我会分别用四个字来形容九型人格的特质，并用一些流传得比较广的电视剧人物作为代表进行说明。

1号凛然正气

代表人物是电视剧《包青天》中的**包拯**：铁面无私，坚持律法，办事认真，刚正不阿，伸张正义，不畏权贵，名留青史。

2号爱得"傻"气

代表人物是电视剧《渴望》中的**刘慧芳**：热情付出，真诚待人，掏心窝地对所爱的人好。这里的"傻"字有两层含义——用得不好是一种执着，用得好就是特蕾莎修女式的伟大。

3号满怀志气

代表人物是电视剧《士兵突击》中的**成才**：一心想出人头地，渴望成功，头脑灵活，偏向个人英雄主义。

4号浪漫灵气

代表人物是电视剧《红楼梦》中的**林黛玉**：多愁善感，才华出众，心思敏捷，伤春悲秋。不过，林黛玉是属于活得比较压抑的4号类型。

5号书生意气

代表人物是电视剧《大江大河》中的**宋运辉**：研究学问，喜欢读书、查阅资料，善于思考和分析，对生活物质条件要求不高，有丰富的精神世界，适合搞学术和研发。

6号下接地气

代表人物是电视剧《士兵突击》中的**许三多**：踏实朴素，低调随众。6号人物不喜欢标新立异，与众不同。不仅接地气，还喜欢"凑人气"，6号人物大多有团队精神，有时会担心独自面对挑战。

7号童心稚气

代表人物是电视剧《天龙八部》中的**段誉**：好乐贪玩，他在整部《天龙八部》中好像都在游玩，没干什么正经事。段誉沿着美女王语嫣的足迹赏尽美景，从大理游到江南，从江南游到少林寺，从少林寺游到西夏，凌波微步倒是刚好有用。

8号天生霸气

代表人物是电视剧《亮剑》中的**李云龙**：他不畏强敌，冲锋在前，勇于亮剑，大气担当。同时爱惜人才，能带出优秀的团队。他外在强势而内心简单，是受属下尊重、爱戴的领导。

9号一团和气

代表人物是电视剧《倚天屠龙记》中的**张无忌**：他在剧中就是一个不断调停、平衡江湖各方势力的角色。不仅在武林中如此，在与几个女孩子的感情中也是如此。张无忌心地善良，替他人着想。但不善于拒绝，欠缺立场。太极拳中的善于卸力的功夫倒是很符合9号的特质。

九种性格的常用词汇

1号

应该，不应该；对，错；不，不是的；照规矩。

2号

你坐着，让我来；不要紧，没问题；好，可以；你觉得呢？

3号

可以，没问题；保证；绝对；最厉害，顶级的，超级棒。

4号

惯性保持静默。

5号

我想；我认为；我的分析是……；我的意见是……；我的立场是……

6号

慢一点；等一等；让我再想一想；不知道；唔……；可以的；怎么办？

7号

管他呢；爽；用了，吃了，做了再说。

8号

喂，你……；我告诉你……；为什么不能；去；看我的；跟我走。

9号

随便啦，随缘啦；你说呢；让他去吧；何必那么认真呢？

九种性格的常见身体语言

1号

身体比较硬,可以长久保持同一种姿势。

2号

柔软而有力,愿意与人有身体接触。

3号

动作快,手势大,转变多。

4号

刻意地优雅,没有大动作。

5号

双手交叉胸前,上身后倾,跷二郎腿。

6号[①]

(P6)肌肉拉紧,双肩向前弯。
(CP6)肌肉拉紧,刻意挺起胸膛。

7号

不断转动身体,坐立不安,手势不大。

---

① 根据九型人格理论,6号可分为两种类型:P6-惶恐;CP6-先发制人。

8号

用手指指,指导式,大动作。

9号

柔软无力,东倒西歪。

九型人格常见的面部表情

1号

面部表情变化少,严肃,笑容不多,具有正义凛然的眼神。

2号

柔和,多笑容,温暖有爱的眼神。

3号

目光直接,眼神有锐气、杀伤力。

4号

表情常带幽怨,眼神静态、神秘、深邃。

5号

冷漠,皱眉头,眼神中很少有情绪。

6号

（P6）有时候会表情慌张，偶尔会避免眼神接触，经常有质疑、怀疑的眼神。

（CP6）瞪起眼睛盯人。

7号

大笑或不笑，很少微笑，不屑的表情，机灵的眼神，有时瞪眼望人。

8号

七情表现在脸上，多变化，眼神霸气、蔑视。

9号

面容比较柔和，有迷糊的眼神。

九型人格的讲话方式及语调

1号

缺乏幽默感，直接；毫不留情，不懂得婉转；重复信息多次；语速偏慢，声线较尖。

2号

速度轻快，声线较沉，自嘲，有幽默感。

3号

夸张,喜欢讲笑话,大声,声线不尖不沉。

4号

抑扬顿挫,小心措辞,语调柔和。

5号

呆板,刻意表现深度,兜转,没有感情。

6号

(P6)声线微带颤抖,久久不入正题。

(CP6)故意粗声粗气,兜兜转转,不入正题。

7号

语不惊人死不休,一针见血,刻薄。

8号

语气肯定,常常是只能他说不能你说;直奔主题,声音响亮。

9号

喜欢间接表达,好像没有中心思想;声线低沉,语速偏慢。

形容九型人格的味道或食物

1号

火药味——容易争执,隐含危险。

2号

奶茶味——入口温润,味道丰富。

3号

薄荷味——彰显个性,味道刺激。

4号

鸡尾酒——品位独特,变化多端。

5号

老火靓汤——看似平淡,富有内涵。

6号

咖啡——苦中有香,提神醒脑。

7号

跳跳糖——活跃万千,欢乐无限。

8号

白酒——味道浓烈，霸道够劲。

9号

棉花糖——入口即化，绵软清甜。

从吃饭看九型人格

吃饭是每个人每天的必修课。人们在吃饭时流露出来的点滴细节，也可以帮助我们洞察性格的特质。

1号吃饭时坐姿端正，很有礼貌、礼节，有秩序，吃饭重点不是在品尝滋味。

2号吃饭时喜欢给别人夹菜，很留心别人是否吃得好，不记得自己吃了什么。如果别人未吃，自己先吃，就会感觉不舒服；如果别人吃得好，就会很开心。在吃饭过程中2号喜欢不断说话，关心别人或自嘲。他不会容许冷淡的气氛出现，会主动调节。

3号喜欢跟对自己有帮助的人吃饭。他吃东西非常注意搭配——是否科学、营养，而且讲究效率和实用。3号会视氛围而在过程中有不同的表现：如果大家赏识他，他就会春风得意，讲讲笑话什么的；如果大家不赏识他，他可能一言不发。所以3号会较多变化，不固定。

4号吃饭讲究情调和环境，注重菜式搭配。有的4号会表现得优雅好看，比如注意拿筷子的动作、喝汤的动作等等。有的4号则会旁若无人，高兴怎么吃就怎么吃。

5号喜欢一边吃一边想事情，脑袋转个不停。如果旁边有电视，他很可能会被电视中的节目吸引。

6号对吃饭无所谓，随大流的心态。大家吃什么他就吃什么。但会考虑卫生问题。如有必要服务大家，他也会站出来。

7号吃饭喜欢东一下、西一下的。这儿搞搞、那儿搞搞，频率很快。他会用一些夸张的动作，不理会场合或斯文与否。如果气氛太闷，他就会挤眉弄眼。身边所有东西都可能成为他玩儿的对象：无论菜牌还是餐厅服务员。他喜欢评论，有时会表现得刻薄、没礼貌。

8号会边吃饭边打电话，处理事情。他喜欢点菜，往往又不知道怎么点菜。有时会一把拿过菜单很干脆地点菜，给人感觉很爽快。他一般不会欣赏食物。

9号对吃什么无所谓。如果服务员送错了菜，他会觉得"也可以，就吃这个吧"。总之他会往好的方面想。

从踩到狗屎看九型人格

这是我在九型人格课堂上解答学员问题时举的一个例子：不同的性格的人在踩到狗屎时会有不同的表现。如果"狗屎"代表我们生活中的种种烦恼，我们又可以获得什么样的启发呢？

1号踩到狗屎会大骂政府，收了纳税人的钱，还允许这种事情发生，真是太失职了。

2号会用障碍物在狗屎四周围一个圈，以免其他行人踩到。

3号不会理别人，而是东抹抹、西抹抹，把狗屎抹掉就走人。

4号会留意自己踩出了什么形状，以及怎么样踩上去才会最漂亮，什么样的图形最有意思。

5号可能会研究这是什么狗的屎：是哈巴狗、狮子狗还是德国狼犬……

6号不会踩到。因为他们本来就会小心翼翼地走路。不过他会看到，然后想：世界真的有这么多危机……

7号会想，太好了，我终于可以买新鞋了。

8号根本没有留意到自己踩到了什么。

9号会找到不用上班的借口，然后花大半天时间来洗鞋子。

九型人格与九种好茶

人有人性，茶有茶性。茶叶集天地之灵气与精华，被誉为最健康的饮品。在写这本书的时候，我特别邀请了几位懂茶的朋友，一起从九型人格的特质入手，来讨论每种性格相对应的茶。

1号：西湖龙井绿茶

西湖龙井驰名天下，是当年周恩来总理向外国友人介绍的两大中国品牌之一。绿茶对制作工艺水平要求很高，很像1号那种对人对己高要求，追求完美的特质。同时，绿茶也给人一种清流的感觉，就如1号那种自律的君子精神，不愿与小人同流合污。

2号：东方美人白毫乌龙茶

东方美人是半发酵清茶中发酵程度最好的茶。这种茶的味道来源于外部，茶青是被一种叫作小叶绿蝉的小虫子咬过后长成的芽叶。里面有花香、熟果香、蜜味，香气很迷人。真正的东方美人是一芽半叶，椭圆叶片小而尖，干茶白、青、红、黄、褐五色相间，茶面白毫层层闪烁，很像2号带给身边人的那种关怀体贴的温暖感。

2号备选茶：祁门红茶。此茶香气明显，具有地理香——某个地域特有的香气。品茶的人常把那种香气叫作祁门香。同时，祁门红茶还可以用来煮奶茶、做果茶等等，都能有很好的包容性。

3号：安溪铁观音乌龙茶

铁观音气味香浓，而且香得很张扬，很像3号那种愿意展露自己，喜欢成为万众焦点，活在聚光灯下的特质。这种香味刚开始是很容易吸引人的。不过，有人评价说，这种香味初始确实有迷人的魅力，但是喝久了之后就不太喜欢了，感觉欠缺了一些耐人品味的厚度。

4号：恩施玉露绿茶

这款茶带有《红楼梦》中林黛玉的气质，泡茶时需要气氛带点忧郁。茶汤很鲜美，在口里的味觉层次特别丰富，能够激荡起心底最迷人的情愫，用楚楚动人来形容一点都不为过。恩施玉露对水温、时间、环境等都特别讲究，所以泡茶的人一定要很懂它，否则它就不会给你最好的呈现。正如4号的独特气质及需要被人理解的那种幽幽的心思。

5号：武夷山大红袍岩茶

这款茶母树品种先天优良，被誉为"国之瑰宝"。同时，这种茶工艺复杂，需要制茶人研究和把握火候。这款茶口感是复合型的，味觉变化丰富。大红袍香型比较丰富，悠远而深邃，岩韵明显，可以用来象征5号知识的渊博及精神世界的深邃与丰富。

6号：六堡茶黑茶

六堡茶属于全发酵茶，味道有点重，有独特的焦香，像6号内心时常焦虑，倾向保守、大众化。以前很多农村的老人常喝这种茶，或者晚上泡饭吃，可以润肠。这款茶味道经久不变，像6号墨守成规，不愿标新立异一样。这种茶需要很多年的转化，通常要有15年才能转化得比较好喝。这也可以比作6号的忠诚在时间中的显现。

7号：通天香单枞广东乌龙

因其茶叶有突出的姜花香味，香气冲天，故茶农称之为"通天香"。这款茶属于高山茶，加上树龄偏老的缘故，焙火的时间远超同类茶品。汤水为明亮的金黄色，加上清高浓郁的香气，似一种温柔的"挑逗"，让人有一饮而下的冲动。就如7号的活泼、快乐，充满激情。另外，品尝此茶时会感到独特的韵味从口舌间蔓延至全身。冲泡方法不同，呈现出来的香气层次不同，变化万千，被称作可以喝的"香水"，这也像7号一样，玩法层出不穷，花样变化多端。

8号：云南老班章生普

这款茶很有霸气，像8号有当领导的强势特质。人们常把老班章称为"普洱茶之王"，可见它在普洱茶界的地位之高。虽然有炒作的嫌疑，但从九型的角度看也不无道理。同样一款老班章茶，不同的人会喝出不同的味道。新手可能喝到回甘生津、迅猛持久，老茶客喝到喉韵深远绵长。这一点，我们也可以用来比喻8号所具有的沉稳与力度。

9号：福鼎老白茶

这种老白茶给人的感觉很柔和，像9号的温和包容的处世态度。制作这款茶没有任何特殊工艺，就是用日晒的方式。如果拟人化地比喻这种茶的渴望，就是感觉它既具备香味，又具备药用价值，像9号一样面面俱到，是个老好人。它的味道醇厚，不伤人，像慈祥的老人，对别人很好。所以，老白茶很贴切9号的和平主义精神。

以上是我们提炼出的性格与茶的相似之处。下次品茶时，您也可以对照一下自己和他人的性格，互相比较一下。不仅可以品茶，还可以品人。

第5章
从经典小说看九型

艺术是现实生活的写照。

一部小说想要好看,除了故事情节精彩之外,更需要人物丰满、鲜活。

很多名著中都栩栩如生地刻画了芸芸众生,这其中就包含有九种性格的人物代表。

正是因为人物性格的丰富,才使得这些小说内容丰富、精彩。

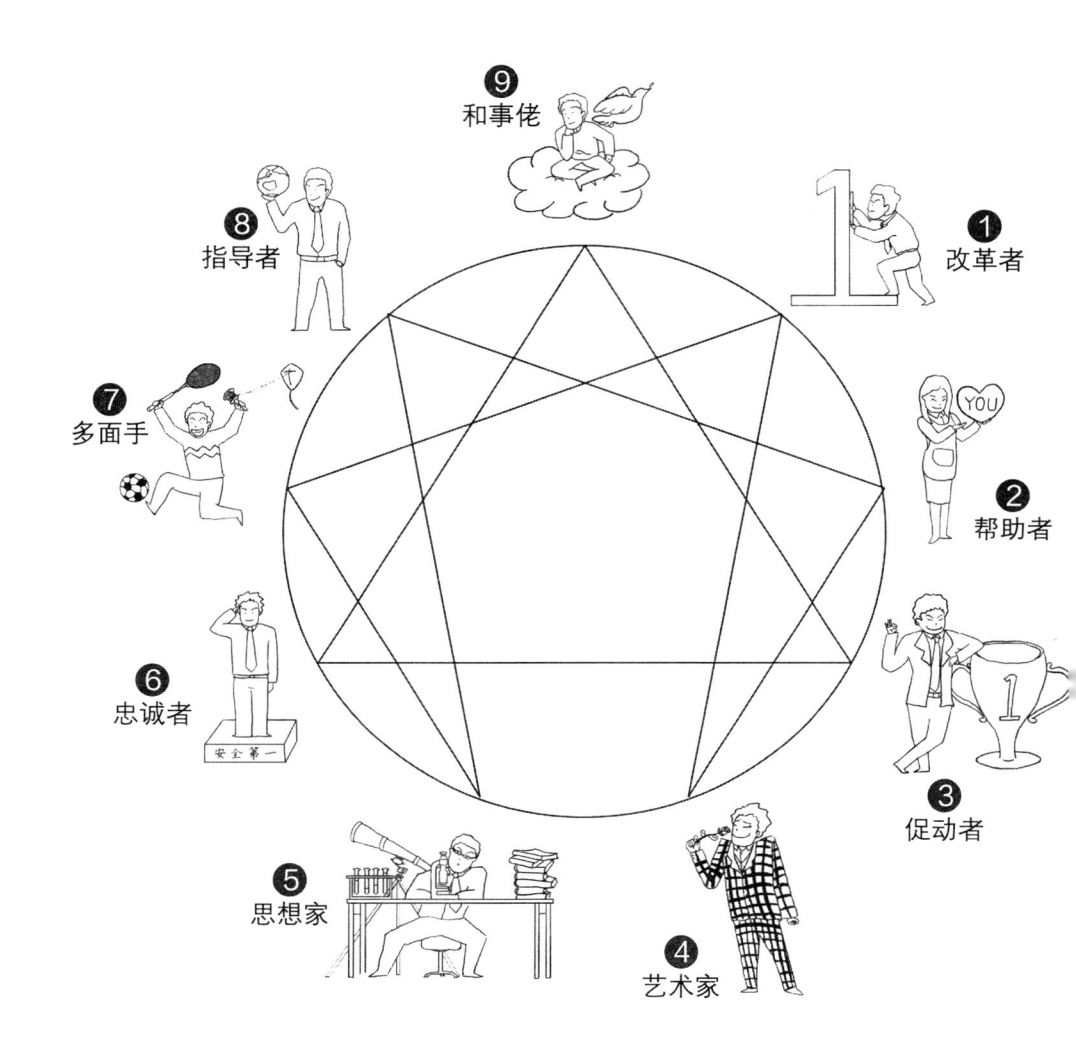

❶ 改革者
❷ 帮助者
❸ 促动者
❹ 艺术家
❺ 思想家
❻ 忠诚者
❼ 多面手
❽ 指导者
❾ 和事佬

第五章 从经典小说看九型

在这一章,我们会以金庸先生的代表作之一《射雕英雄传》①为研究对象,通过小说来感知、强化一下大家对九型人格的理解。

小说的情节发展其实就是人物性格的发展,情节的冲突其实就是人物性格的冲突。所以,性格即命运。一本小说之所以精彩,令人难以忘怀,往往就是因为塑造了一些不同类型的栩栩如生、性格鲜明的人物形象。比如郭靖、黄蓉、杨康、穆念慈、东邪、西毒、南帝、北丐、江南七怪、全真七子等等。

不同的人物具有不同的欲望,表现也是有所不同的。比如,老顽童好玩、洪七公好吃、丘处机好胜、杨康好富贵、欧阳克好色、成吉思汗好征服等。

小说情节是虚构的,而人物性格特点的描写往往是小说家贴近现实、观察生活的结果。甚至,小说家身边可能就生活着这种类型的人物。小说家可能只是把他们从现代带回古代,从现实生活的场景当中移植到更具传奇色彩的绿林江湖。而这个丰富多彩的世界本来就是由同样丰富多彩的人的性格塑造而成的。

需要人们留意的是,这些人物全都是小说中的虚构人物,所

---

① 本章节中引用的《射雕英雄传》小说原文为新修版本(花城出版社,2003年版)。

以他们真正属于哪个型号无从求证。本书只是通过小说中的描述来提取符合九种性格特征的典型表现，以加深人们对九型人格的理解。

下面，就让我们沿着九型的线路去重温这些经典的小说人物。

郭靖——1号

特点一：孝敬、爱戴长辈，是个乖孩子

很多1号小时候都是乖孩子，很听父母和老师的话，对人有礼有节。郭靖也是这样，从小就很听母亲和师父的话。如郭靖幼时救哲别的情节就有这方面的表现——

> 郭靖摇头道：**"妈妈说的，应当接待客人，不可要客人东西。"** 那人哈哈大笑，叫道：**"好孩子，好孩子！"**（第三回）

因为"妈妈说的"，所以"应当"这样去做；"接待客人而不要客人的东西"，这些话正是1号所信奉的正直的处世原则的体现，难怪可以得到"好孩子"的赞赏。

需要特别注意的是，在本章的案例中，有部分字体是本书有意加粗突出，以作重点提示。这些部分代表的是这种类型人物的典型行为、典型语言或者典型情绪。

特点二：有正义感，追求公平、公正

1号要求事事公平，见不得不平之事。对朋友，甚至对敌人都要求公平公正——

> 郭靖见了这等不平之事，哪里还忍耐得住？见那公子在衣襟上擦了擦指上鲜血，又要上马，双臂分张，轻轻推开身前各人，走入场子，叫道："喂，你这样干**不对**啊！"
> ……
> 郭靖楞楞的也不知他们笑些什么，正色道："你**该当**娶了这位姑娘才是。"（第七回）

1号自认遵守规则，所以对别人不遵守规则极为痛恨。"不对""该当"是1号常见的口头语。而且1号很多时候给人感觉是严肃的，甚至做什么事都是一本正经的，所以这里的"正色"二字正是1号常见表情的完美写照。

> 郭靖怒火上冲，心想这人知道母亲心慈，便把好好一只兔子折断腿骨，要她医治，好叫她无心理会自己干的**坏事**。对自己的亲生母亲，**怎可如此玩弄权谋**？（第九回）

> 郭靖心想："马道长等与他动手，是为了要报师叔师弟之仇。其实周大哥好端端地活着，谭道长之死也与黄岛主无涉。但如我出言解释明白，全真诸子退出战团，单凭

大师父和我二人，哪里是他对手？别说杀师大仇决计难报，连自己的性命也必不保。"转念一想："**我若隐瞒此事，岂非成了卑鄙小人？**众位师父时时言道：头可断，义不可失。"朗声说道："马道长，丘道长，王道长，你们的周师叔并没死，谭道长是欧阳锋害死的。"

丘处机甚为诧异，问道："你说什么？"

……

郭靖指着黄药师道："弟子恨不得生啖这老贼之肉，岂肯谎言助他？**但实情如此，弟子不得不言。**"六子知他素来诚信，何况对黄药师这般切齿痛恨，所说自必属实。

（第三十四回）

就算是对敌人，比如此时郭靖所深恶痛绝的黄药师，1号也同样不愿违背他的公平原则。无论是朋友还是敌人，1号都不愿意占对方的便宜。隐瞒自己所知道的事，就会成为卑鄙小人，1号郭大侠当然不愿意做这种事。

特点三：有对错标准

全书最能反映郭靖1号特质的是第三十九回。这一回的名字也很贴切1号的个性，叫作"是非善恶"，因为1号对是非善恶是非常看重的。在这一回中，郭靖的内心对话就是很典型的1号对话，在是非标准面前又矛盾又自责——

诸般事端，在心头纷至沓来："我一生苦练武艺，练到现在，又怎样呢？连母亲和蓉儿都不能保，练了武艺又有何用？我一心要做好人，但到底能让谁快乐了？**母亲、蓉儿因我而死，华筝妹子因我而终生苦恼，给我害苦了的人可着实不少**（自责）。

"完颜洪烈、魔诃末他们自然是**坏人**。但成吉思汗呢？他杀了完颜洪烈，该说是**好人**了，却又命令我去攻打大宋；他养我母子二十年，到头来却又逼死我母亲（矛盾）。

"我和杨康义结兄弟，然而两人始终怀有异心。穆念慈姊姊是好人，为什么对杨康却又死心塌地地相爱？拖雷安答和我情投意合，但若他领军南攻，我是否要在战场上与他兵戎相见，杀个你死我活？不，不，每个人都有母亲，都是母亲十月怀胎、辛辛苦苦地抚育长大，我怎能杀了别人的儿子，叫他母亲伤心痛哭？他不忍心杀我，我也不忍心杀他。然而，难道就任由他来杀我大宋百姓（矛盾）？

"学武是为了打人杀人，看来我过去二十年全都错了，我勤勤恳恳地苦学苦练，到头来只有害人。早知如此，我一点武艺不会反而更好。如不学武，那么做什么呢？我这个人活在世上，到底是为什么？以后数十年中，**该当怎样**？活着好呢，还是早些死了？若是活着，此刻已烦恼不尽，此后自必烦恼更多。但若早早死了，当初妈妈又何必生我？又何必这么费心尽力地把我养大？（矛盾）"翻来覆去地想着，越想越糊涂。

接连数日，他白天吃不下饭，晚上睡不着觉，在旷野中踯躅来去，尽是思索这些事情。又想："母亲与众位恩师一向教我为人该当重义守信，因此我虽爱极蓉儿，但**始终不背大汗婚约**，结果不但连累母亲与蓉儿枉死，大汗、拖雷、华筝他们，心中又哪里快乐了？江南七侠七位恩师都是侠义之士，竟没一人能获善果。洪恩师为人这样好，偏偏重伤难愈。欧阳锋与裘千仞多行不义，却又逍遥自在。世间到底有没有**天道天理**？老天爷到底生不生眼睛？管不管正义、邪恶？"

……

"洪恩师甚至见到西毒叔侄这样的大坏蛋在海里遇难，也要出手相救。该做的就是该做，是中国人该救，外国人也是人，也应当救，救了之后对自己利不利，就不该理会。洪恩师明知救了西毒之后，对自己不利，他还是要救，后来果然被西毒打得重伤，险些丧命，他一点也不懊悔，对我们总是说：见人有难，必须相救，后果如何，在所不计。他常说：所谓行侠仗义，所谓是非善恶，只是在这个'侠'字，在这个'义'字，**是便是'是'，善就是'善'**，侠士义士，做的只是求心之所安。倘若斤斤计较于成败利钝、有利有害、还报多少、损益若干，那是做生意，不是行善做好事了。凡是'善'事，必定是对人有利而对自己未必有利的。咱们做人讲究'义气'，'义'就是'义所当为'，该做的就去做。对！师父教训得是！中国人有危难该救，外国人有危难也该救！**该做就要去做**，不可计算对自己是否有利，有多少利益。"

……

眼见丘处机情势危急，郭靖本当上前救援，但总觉与人动武是件极大坏事，见双方斗得猛烈，甚觉烦恶，当下转过头不看，攀藤附葛，竟从别处下山。他信步而行，内心**两个念头不住交战**："该当前去相助丘道长？还是当真从此不与人动武？（矛盾）"

他越想越糊涂，寻思："丘道长若被彭连虎等害死，岂非是我的不是？（自责）但如上前相助，将彭连虎等击下山谷，**又到底该是不该**？"（第三十九回）

如果仔细留意的话，你会发现在上面整篇的人物内心独白中有非常多的"对""错""好人""坏人""该""不该""义"之类的字眼。这一段文字引用较长，因为它确实很有代表性，可以说是淋漓尽致地反映了 1 号特质、1 号心声。在追求完美的理想和不完美的现实的矛盾中，或是内在的标准、逻辑被现实冲击的时候，1 号很容易表现出混乱、质疑甚至愤世嫉俗，比如："江南七侠的七位恩师与洪恩师都是侠义之士，竟没一人能获善果。""欧阳锋与裘千仞多行不义，却又逍遥自在。世间到底有没有天道天理？老天爷到底生不生眼睛？"同时，1 号也很容易自责，比如："母亲、蓉儿因我而死，华筝妹子因我而终生苦恼，给我害苦了的人可着实不少。"承担职责、遵守规则、做事合理的想法会给 1 号带来种种压力。所以，在九型人格中，1号是一个活得比较累的类型。

特点四：不畏强权、直率、倔强

特点四其实是特点三的延续，"该不该"是这个类型的人做事的出发点。

> 讲到武功，那公子实是稍胜一筹，但郭靖拼着**一股狠劲**，奋力剧战，身上尽管再中拳掌，却总是缠斗不退。他幼时未学武艺之时，与都史等一群小孩打架便已如此。这时武艺虽然高了，打法仍是出于天性，与幼时一般无异，蛮劲发作，早把四师父所说"打不过，逃！"的四字真言抛到了九霄云外。在他内心，一向便是六字真言："**打不过，加把劲。**"（第七回）
>
> 郭靖心想："自今而后，与大汗未必有再见之日，**纵然惹他恼怒，心中言语终须说个明白。**"昂然说道……
>
> 郭靖又道："自来英雄而为当世钦仰、后人追慕，必是为民造福、爱护百姓之人。以我之见，杀得人多却未必算是英雄。"成吉思汗道："难道我一生就没做过什么好事？"郭靖道："好事自然是有，而且也很大……只是你南征西伐，积尸如山，那功罪是非，可就难说得很了。"**他生性戆直，心中想到什么就说什么。**（第四十回）

"有理走遍天下，无理寸步难行。"这是1号的心里话。无论你是皇亲国戚，还是贩夫走卒，1号都一视同仁。一个"理"字，让1号不畏强暴，也不欺弱小。就算面对的对象武功比他高（早期的杨康），权势比他大（成吉思汗），郭靖的1号性格都令他永不低头。所以，在书中，他给人以"生性戆直"，甚至是固执的印象。而现实生活中的1号也往往喜欢批判权威。

特点五：重承诺、守信义

无论是江南七怪在蒙古约他夜晚到山上（那时他还是一个小孩），还是他冒死赴桃花岛之约，郭靖都绝不爽约。因为在1号看来，遵守承诺、讲究信义是一个好人应该做的事。

> 郭靖写了一封书信……信中说道：弟子道中与黄蓉相遇，已偕赴桃花岛应约，有黄药师爱女相伴，必当无碍，请六位师父放心，不必同来桃花岛云云……他信内虽如此说，心中却不无惴惴，暗想黄药师为人古怪，此去只怕凶多吉少。（第十六回）
>
> 郭靖道："背后伤人，太不光明。"黄蓉嗔道："他伤害师父，难道光明正大么？"郭靖道："咱们言而有信，先救出他侄儿，再想法给师父报仇。"（第二十一回）
>
> 郭靖心中一凛，登时想起幼时与他在大漠上所干的种种豪事，心道："他说得是，大丈夫言出如山。华筝妹子这头亲事是我亲口答允，**言而无信，何以为人？**纵然黄岛主今日要杀我，蓉儿恨我一世，那也顾不得了。"当下

> 昂然说道:"黄岛主,六位恩师,拖雷安答和哲别、博尔忽两位师父,郭靖并非无信无义之辈,我须得和华筝妹子结亲。"(第二十六回)

特点六:不善撒谎

1号对人对己都是有要求的。不善撒谎是因为他过不了自己心中的那一关。同样的,在1号看来,撒谎不是一个好人应该做的事。这样的话郭靖终究是说不出口的。

> 陆庄主笑道:"湖边风大,夜里波涛拍岸,扰人清梦,两位可睡得好吗?"郭靖**不惯撒谎**,被他一问,登时窘住。(第十三回)
>
> 郭靖恭恭敬敬地道:"晚辈有事求见段皇爷。"他原想依瑛姑柬帖所示,说是奉洪七公之命而来,但明明是**撒谎的言语,终究说不出口**。(第二十九回)

除了郭靖有鲜明的1号特质外,《射雕英雄传》中的另外两个比较重要的人物——丘处机和柯镇恶也有很明显的1号特点。

包惜弱——2号

包惜弱是杨康的母亲,不算这部小说的主角,但代表了九型人格中的一类典型性格。

金庸在给人物起名字时大概受了《红楼梦》等古典小说的影响，人物通常名如其人。怜惜弱小，同情弱者正是包惜弱的典型性格。"比武招亲"一节阻止杨康欺负他人、到监牢放人等情节证明了她相当富有爱心。当初，她救受伤的完颜洪烈也是出于此心。她是个具有怀旧情结的女人，即便是到了富贵的金国皇宫，也希望能重新生活在牛家村的农家小屋中。在电视剧《射雕英雄传》中更是演绎出她的典型的 2 号性格——为身边的人而活，比如为杨康而改嫁完颜洪烈等。

特点一：同情弱者，富有爱心

2 号给人的感觉是友善、热情、乐于助人的。

> 杨铁心笑道："好，今晚又扰嫂子的。我家里那个养了这许多鸡鸭，只白费粮食，不舍得杀他一只两只，老是来吃你的。"李氏道："你嫂子就是心好，**说这些鸡鸭从小养大的，说什么也狠不下心来杀了。**"杨铁心笑道："我说让我来宰，她就要**哭哭啼啼**的……"
>
> ……
>
> **她自幼便心地仁慈**，只要见到受了伤的麻雀、田鸡、**甚至虫豸蚂蚁之类，必定带回家来妥为喂养，直到伤愈，再放回田野**，倘若医治不好，就会整天不乐，这性情大了仍旧不改，以致屋子里养满了诸般虫蚁、小禽小兽。她父亲是个屡试不第的村学究，按着她性子给她取个

名字，叫作惜弱。

……

这时她见这人奄奄一息地伏在雪地之中，**慈心**登起，明知此人并非好人，但眼睁睁地见他痛死冻死，**无论如何不忍**。

……

包惜弱心想，还是救了那人再说……（第一回）

那王妃叫道："孩儿，**别伤人性命**。你赢了就算啦！"（第七回）

完颜康道："啊，险些儿忘了。刚才见到一只兔子受了伤，捡了回来，妈，你给它治治。"……那女子道："好孩子！"忙拿出刀圭伤药，给兔子治伤。

……

王妃见他右臂折断，荡来荡去，痛得脸如白纸，不待完颜康答复，**已一迭连声地催他给药**。完颜康皱眉道："那些药梁老先生要去啦，你自己拿去。"简管家哭丧着脸道："求小王爷赏张字条！"王妃忙拿出笔墨纸砚，完颜康写了几个字。简管家磕头谢赏，王妃温言道："快去，**拿到药好治伤**。"

……

王妃摸出两锭银子，递给杨铁心，温言说道："你们好好出去罢！"杨铁心不接银子，双目盯着她，目不转睛地凝视。王妃见他神色古怪，料想他必甚气恼，**心中**

甚是歉疚，轻声道："对不起得很，今日得罪了两位，实是我儿子不好，请别见怪。"（第九回）

哭泣是 2 号常见的情感表达方式，所以包惜弱为小动物也是"哭哭啼啼"的。还有上面引文中的"温言""心中甚是歉疚，轻声"等等语言都写活了 2 号的形象。不仅对动物，就算对一个"明知此人非好人"的陌生人，她也本性使然地"慈心登起""救了那人再说"。

2 号善于洞察别人的需求，很有同理心，容易把注意力放在他人身上，因而常常忽略自己。他们付出多于索取，付出对于 2 号来说几乎是一种本能。包惜弱对小动物、对受伤的陌生人（完颜洪烈）、对受伤前来索药的管家、对沦为卖艺人并被杨康囚禁的杨铁心，无一不体现出她的这一特点。

特点二：念旧，感情丰富

只听包惜弱道："这支铁枪，本来是在江南大宋京师临安府牛家村，是我派人千里迢迢去取来的。墙上那个半截犁头，这屋子里的桌子、凳子、板橱、木床，没一件不是从牛家村运来的。"完颜康道："我一直不明白，妈为什么定要住在这破破烂烂的地方。儿子给你拿些家具来，你总是不要。"包惜弱道："**你说这地方破烂吗？我可觉得比王府里画栋雕梁的楼阁要好得多呢！孩子，你没**

福气，没能和你亲生的爹爹妈妈一起住在这破烂的地方。"（第九回）

　　丘处机接着道："贫道晚上夜探王府，要瞧瞧赵王万里迢迢地搬运这些破烂物事，到底是何用意。一探之后，不禁又是气愤，又是难受，原来杨兄弟的妻子包氏已贵为王妃。贫道大怒之下，本待将她一剑杀却，却见她居于砖房小屋之中，抚摸杨兄弟铁枪，终夜哀哭；心想她倒也不忘故夫，并非全无情义，这才饶了她性命。"（第十一回）

其实包惜弱岂止像丘处机说的"并非全无情义"，简直就是有情有义。2号本身就感情丰富，是九型人格中最感性的类型。

虽然包惜弱不是本书的主角，书中对她的描述不算太多，但她的2号特性已颇为鲜明。

杨康——3号

杨康在小说中是一个反面人物。在这里选取杨康作为3号的代表人物，不等于3号就一定是反面人物。3号也有很多正面的人物。实际上，每个型号都有健康的表现，也都有不健康的表现。也就是说，每个型号都有机会成为正面或者反面的角色。

特点一：注重形象，打扮光鲜

3号喜欢以自己最体面的一面展示人前，而总是把自己失败的一面藏起来，不让别人看到。杨康一出场就已有所展现——

> 郭靖见这公子**容貌俊美**，约莫十八九岁年纪，**一身锦袍，服饰华贵**……（第七回）

同时，3号有以貌取人的倾向，别人的外在形象也会影响他的看法与选择。在3号看来，一个人的形象本身就是这个人成功与否的标志之一。3号的成功常常建立在外在物质的基础上。对于3号来说，成功意味着进入一个更好的环境或者更优越的阶层。所以形象是这一切的象征符号——

> 完颜康先前听了母亲之言，本来已有八成相信，这时听师父一喝，又多信了一成，向杨铁心看去，只见他**衣衫破旧，满脸风尘**，再回头看父亲时，却是**锦衣玉饰，丰度俊雅**，两人直有天渊之别。完颜康心想："难道我要舍却**荣华富贵**，跟这**穷汉子**浪迹江湖？不，万万不能！"（第十一回。）

特点二：**善用手段，巧于逢迎，工于心计**

3号属于颇有创意的类型。在小说中，3号的这一特质被极端地表现在杨康的各种心计与手段上。

> 郭靖匆匆回到赵王府。完颜康下席相迎，笑道："郭

兄辛苦啦,那位穆爷呢?"郭靖说了。**完颜康叹道:"啊哟,那是我对不起他们啦。"转头对亲随道:"你快些多带些人,四下寻访,务必请那位穆爷转来。"**亲随答应着去了。

这一来闹了个事无对证,王处一倒不好再说什么,心中疑惑,寻思:**"要请那姓穆的前来,只须差遣一两名亲随便是,这小子却要郭靖自去,显是要他亲眼见到穆家父女已然不在,好作见证。"**冷笑道:"不管谁弄什么玄虚,将来总有水落石出之日。"

完颜康笑道:"道长说得是。不知那位穆爷弄什么玄虚,当真古怪。"(第八回)

郭靖怒火上冲,心想这人知道母亲心慈,便把好好一只兔子折断腿骨,要她医治,好叫她无心理会自己干的坏事,**对亲生母亲,怎可如此玩弄权谋?**(第九回)

杨康在临安牛家村曲傻姑店中无意取得绿竹杖,见胖、瘦二丐竟对己恭敬异常。他心下诧异,**一路上对二丐不露半点口风,却远兜圈子、旁敲侧击地套问竹杖来历。**(第二十七回)

玩弄权谋、旁敲侧击等只是杨康的一个习惯而已,他的性格特征已经表现在生活的每一个层面。3号适应能力很强,善于迅速改变自己的形象和表现,以顺应环境与目标的需要。生活中的3号因具有这些特质,而给人以干练、反应敏捷的感觉。

特点三：目的性强，口是心非

3号的特点是利益至上，目标感强，行动力强，属于积极主动的类型。极端的时候3号为达目的做事不择手段。同时，3号也善于根据不同的场面和对象来说话，也就是俗话说的：见人说人话，见鬼说鬼话。下面的几个段落就有所体现——

> 完颜康也拜在地下，磕了几个头，站起身来，说道："郭兄，我今日才知我那……那完颜洪烈原来是你我的大仇人。小弟先前不知，事事倒行逆施，罪该万死。"想起母亲身受的苦楚，也痛哭起来。
>
> 郭靖道："你待怎样？"完颜康道："小弟今日才知确是姓杨，'完颜'两字，跟小弟全无干系，从今以后，我是叫杨康的了。"郭靖道："好，这才是不忘本的好汉子。我明日去燕京杀完颜洪烈，你去也不去？"杨康想起完颜洪烈养育之恩，一时踌躇不答，见郭靖脸上已露不满之色，忙道："小弟随同大哥，前去报仇。"郭靖大喜，说道："好，你过世的爹爹和我母亲都曾对我说过，当年先父与你爹爹有约，你我要结义为兄弟，你意下如何？"杨康道："那是求之不得。"两人叙起年纪，郭靖先出世一个月，两人在郭啸天灵前对拜了八拜，结为兄弟。（第十五回）

明明心里在想完颜洪烈的养育之恩，嘴里却说要去报仇；明明对郭靖殊无好感,嘴上却说与他结拜"求之不得"。

  杨康初时并没把穆念慈放在心上,后来见她对己一往情深,不禁感动,而此女又美貌逾恒,数次交往,遂结婚姻之约……这时见欧阳克将她抱在怀里,心中恨极,脸上却不动声色。

  ……

  杨康笑道:"欧阳世兄,你再喝一碗酒,我就跟你说你猜得对不对。"欧阳克笑道:"好!"端起碗来。杨康从桌底下斜眼上望,见他正仰起了头喝酒,蓦地从怀中取出一截铁枪的枪头,劲透臂,臂达腕,牙关紧咬,向前猛送,噗的一声,直刺入欧阳克小腹之中,没入五六寸深,随即一个筋斗翻出桌底。(第二十五回)

  杨康说道害死郭靖的是大宋指挥使段天德,他知道此人的所在,这便要去找他报仇,只可惜孤掌难鸣,只怕不易成事,信口胡说,却叙述得真切异常……杨康见狡计已成了一半,暗暗欢喜,低下头来,兀自假哭……(第二十五回)

  这几节的描写可以说把杨康善于表演、说一套做一套的特点刻画得入木三分了。

特点四:追求利益,敢于冒险

3号心中有很多的目标要实现，所以一方面拼命地燃烧自己，一方面大量运用取巧的方式。杨康的很多表现都是典型的赌徒心态。以小博大、走捷径正是3号常用的模式——

> 他想丐帮声势雄大，帮主又具莫大威权，反正洪七公已死无对证，**索性一不做、二不休**，乘机自认了帮主，便可任意驱策帮中万千兄弟。他**细细盘算**，觉此计之中实无破绽，于是**编了一套谎话**，竟在大会中假传洪七公遗命，意图自认帮主。
>
> 他在丐帮数百名豪杰之士面前侃侃而言，脸不稍红，语无窒滞，明知这谎话若给揭穿，多半便让群丐当场打成肉浆，但想自来成大事者定须**甘冒奇险**，何况洪七公已死，绿竹杖在手，郭靖、黄蓉又已擒获，所冒凶险其实也不如何重大，而一旦身为帮主，却有说**不尽的好处**，这丐帮万千帮众，正可**作为他日"富贵无极"的踏脚石**。（第二十七回）

特点五：以自我为中心

在3号的眼中，所有人都是为他的利益服务的，3号的焦点是如何达到自己想要的目标，而身边人的感受和利益往往会被他们忽视——

> 次日清晨，穆念慈来到客店，想问他今后行止，却见

他在客堂中不住顿足，连连叫苦，忙问端的。杨康道："**我做事好不糊涂。昨日那男女两人该当杀却灭口，慌张之中，竟尔让他们走了，这时却到哪里找去？**"穆念慈奇道："干吗？"杨康道："我杀欧阳克之事，倘若传扬出去，那还了得？"穆念慈皱眉不悦，说道："大丈夫敢作敢为，你既害怕，昨日就不该杀他。"杨康不语，只是盘算如何去追杀陆程二人灭口。

穆念慈道："他叔父虽然厉害，咱们只消远走高飞，他也难以找得着，而且他压根儿不知是你下的手。"杨康道："**妹子，我心中另有一个计较。**他叔父武功盖世，我是想拜他为师。"穆念慈"啊"了一声。杨康道："我早有此意，只是他门中向来有个规矩，代代都是一脉单传。此人一死，他叔父就能收我为徒啦！"言下甚是得意。

……

众军送上酒饭，拖雷等哪里吃得下去，要杨康立时带领去找杀郭靖的仇人。杨康点头答允，拿了竹棒，走向门口，回头招呼穆念慈同行。穆念慈微微摇头。杨康心想**机不可失，儿女之事不妨暂且搁下**，当下自行出店。（第二十五回）

杨康**对丐帮兄弟原无丝毫爱护之心**，岂敢为了两名帮众而再得罪于他，说道："是谁擅自惹事，跟铁掌帮的朋友动过手啦？快出来向裘老帮主赔罪。"（第二十七回）

对于杨康来说，他的盘算也好，计较也好，"不可失"的机会也好，都是围绕他的目标利益进行的，与此相比，其他人的死活就不那么重要了，更不用说什么儿女之事了。

黄蓉——4号

黄蓉在《射雕英雄传》中是当之无愧的女一号，有时她的光彩甚至超过了男一号郭靖。可以说，这是金庸塑得很成功的一个人物形象，也是一个深入人心的人物形象。黄蓉身上充满了4号的特质：比如逆境的时候爱玩失踪、有创意（做菜尤其能体现出来）、古灵精怪（各种点子）、聪明、敏感、我行我素、自我等。

特点一：讲究生活品位

跟3号看重成果、看重利益不同，4号很注重感觉。所以，4号会追求日常的生活品位。黄蓉在小说中的出场描写也正是从这一点上去体现她的个性的——

> 那少年道："别忙吃肉，咱们先吃果子。喂，伙计，**先来四干果、四鲜果、两咸酸、四蜜饯。**"店小二吓了一跳，不意他口出大言，冷笑道："您大老爷要些什么果子蜜饯？"那少年道："这种穷地方小酒店，好东西谅你也弄不出来，就这样吧，干果四样是荔枝、桂圆、蒸枣、银杏。鲜果你拣时新的。咸酸要砌香樱桃和姜丝梅儿，不知这儿买不买得到？蜜饯么？就是玫瑰金橘、香药葡萄、

糖霜桃条、梨肉好郎君。"

……

店小二问道:"爷们爱吃什么?"少年道:"唉,不说清楚定是不成。**八个酒菜是花炊鹌子、炒鸭掌、鸡舌羹、鹿肚酿江瑶、鸳鸯煎牛筋、菊花兔丝、爆獐腿、姜醋金银蹄子**。我只拣你们这儿做得出的来点,名贵点儿的菜肴嘛,咱们也就免了。"

……

这次黄蓉领着他到了张家口最大的酒楼长庆楼,铺陈全是仿照大宋旧京汴梁大酒楼的格局。黄蓉只要了**四碟精致细点,一壶龙井**……(第七回)

4号常常给人戏剧化、行事独特的感觉。如上所述,黄蓉虽然点很多菜,却不怎么吃,仿佛只是享受点菜的感觉,而非美味佳肴本身。至于"精致细点,一壶龙井"则反映了4号对于照顾自己感官享受的偏好。

特点二:敏感,感情细腻,情绪起伏多变

4号是一个感性的类型。4号常常将自己等同于自己的感受,因为情绪随感受而波动。

黄蓉眼圈儿一红,道:"爹爹不要我啦。"郭靖道:"干吗呀?"黄蓉道:"爹爹关住了一个人,老是不放,我见那人可怜，独个儿又闷得慌，便拿些好酒好菜给他吃，又陪他说话。**爹爹恼了骂我，我就夜里偷偷逃了出来。**"郭靖道："你爹爹这时怕在想你呢。你妈呢？"黄蓉道："早死啦，我从小就没妈。"郭靖道："你玩够之后，就回家去吧。"**黄蓉流下泪来**，道："爹爹不要我啦。"郭靖道："不会的。"黄蓉道："那么他干吗不来找我？"郭靖道："或许他是找了的，不过没找着。"黄蓉破涕为笑……

黄蓉本是随口开个玩笑，心想他对这匹千载难逢的宝马爱若性命，自己与他不过萍水相逢，存心是要瞧瞧这老实人如何出口拒绝，哪知他答应得豪爽之至，大出意外，不禁愕然，**心中感激，难以自已，忽然伏在桌上，呜呜咽咽的哭了起来**。这一下郭靖更大为意外，忙问："兄弟，怎么？你身上不舒服吗？"黄蓉抬起头来，虽**满脸泪痕，却喜笑颜开**。（第七回）

郭靖见她吃了几口，**眼圈渐红，眼眶中慢慢涌上泪水**，更是不解。黄蓉道："我生下来就没了妈，从来没有哪个像你这样记着我过……"说着几颗泪水流了下来。她取出一块洁白手帕，郭靖以为她要擦拭泪水，哪知她把几块压烂了的点心细心包好，放在怀里，回眸一笑，道："我慢慢地吃。"（第八回）

4号感情细腻，观察敏锐，容易洞察到别人的细微变化。当郭靖实心相待的时候，黄蓉当然体会得到他的真诚，并因此感动。

于是，内心百千滋味上心头，情绪起伏跌宕、瞬息万变。而1号的郭靖"更是不解"也是正常的。

> 她想到郭靖不肯背弃与华筝所订的婚约，不禁**黯然垂头**。这些女儿家心事，郭靖捉摸不到半点，黄蓉已在**泫然欲泣**，他却是浑浑噩噩的不知不觉，只道："那瑛姑说你爹爹神机妙算，胜她百倍，就算你肯教她术数之学，终是难及你爹爹的皮毛，那干吗还是要你陪她一年？"黄蓉掩面不理。郭靖还未知觉，又问一句，黄蓉怒道："你**这傻瓜，什么也不懂！**"
>
> 郭靖不知她何以忽然发怒，被她骂得**摸不着头脑**，只道："蓉儿！我原本是傻瓜，这才求你跟我说啊。"黄蓉恶言出口，原已极为后悔，听他这么柔声说话，再也忍耐不住，伏在他怀里**哭了出来**。（第三十回）

生活中的4号是很内向的。4号常觉得别人不懂自己，内心的感受很难被人了解。一生都在寻找一位真正的知音。其实，不仅仅是郭靖这"傻瓜"不懂，就算是一些所谓的聪明人，也未必能真正了解他们。所以，常人往往觉得4号难以捉摸。

特点三：聪明，模仿能力强

> 黄蓉转身闪过，右手拇指按住了小指，将食指、中指、

无名指三指伸展开来，戳了出去，便如是一把三股叉模样，使的是一招叉法"夜叉探海"。侯通海大叫："'夜叉探海'！大师哥，这臭小子使的是……是本门武功。"沙通天斥道："胡说！"**心知黄蓉戏弄这个宝贝师弟多时，早已学会了几招他的叉法**。

彭连虎也忍不住好笑，抢拳直冲。黄蓉斜身左窜，膝盖不曲，足不迈步，已闪在一旁。侯通海叫道："'移形换位'！大师哥，是你教的吗？"沙通天斥道："少说几句成不成？老是出丑。"心中倒也佩服这姑娘**聪明之极**。（第九回）

黄蓉虽未说出那说话之人是谁，但**语言音调，将杨康的口吻学得惟妙惟肖**。（第三十六回）

特点四：富于创意

很多 4 号类型的人都是艺术家，这跟 4 号富于创意不无关系。无论是给洪七公做饭菜还是施计用巨石压住欧阳克，都显示了黄蓉的创意能力。屡斗欧阳锋包括最后逼疯他都是黄蓉大逞智巧，机变百出，以智取胜的经典案例。

他本想只传两三招掌法给郭靖，已然足可保身，哪知黄蓉烹调的功夫实在高明，奇珍妙味，**每日里层出不穷**，令他无法舍之而去，日复一日，竟然传授了十五招之多。

……

黄蓉大喜，有心要显本事，所煮的菜肴固绝无重复，连面食米饭也**极逞智巧，没一餐相同**，锅贴、烧卖、蒸饺、水饺、馄饨、炒饭、汤饭、年糕、花卷、米粉、豆丝，**花样变幻无穷**。（第十二回）

黄蓉落足处的藤枝已经割断，做了记号，欧阳克哪知其中机关，自然踏中未曾割断的藤枝，等于是以数百斤的力道去拉扯头顶的巨岩。喀喀两声响过，欧阳克猛觉头顶一股疾风压将下来，抬头一望，只吓得魂飞天外，但见半空中一座小山般的巨岩正对准了自己压下……黄蓉见**妙计得售**，惊喜无已……

黄蓉心想："你救侄儿心切，不再骂我小丫头啦，居然叫起'好姑娘'来！"微微一笑，说道："好，那就依我吩咐，咱们快割树皮，打一条拉得起这岩石的绳索。"欧阳锋问道："谁来拉啊？"黄蓉道："像船上收锚那样……"欧阳锋立时领悟，叫道："对，对，用绞盘绞！"

……

欧阳锋立时从水中跃起，急道："好……好姑娘，他没死，**你有法子救他**，快说，快……快说。"黄蓉将手中芦管递了过去，道："你把这管子插入他口中，只怕就死不了。"（第二十一回）

黄蓉灵机一动，叫道："有了！"捧起一块大石，靠在紫檀树向海的一根丫枝上，说道："你用力扳，咱们发炮。"

……

黄蓉见炮轰无效，忽然异想天开，叫道："快，我来做炮弹！"（第二十二回）

特点五：玩失踪

黄蓉在整篇小说中多次玩"失踪"的游戏。也正是从桃花岛偷跑出来，她才遇上郭靖。玩"失踪"是4号的典型表现，也是4号保护自己的防卫机制。

> 黄蓉道："爹爹关住了一个人，老是不放，我见那人可怜，独个儿又闷得慌，便拿些好酒好菜给他吃，又陪他说话。爹爹恼了骂我，**我就夜里偷偷逃了出来。**"（第七回）
>
> 黄蓉哭道："爹，你如杀了他，我再不见你了。"急步奔向太湖，波的一声，跃入湖中。（第十四回）
>
> 黄蓉微笑道："你见不着我，我却常常见你。"郭靖道："你一直在我军中，干吗不与我相见？"黄蓉嗔道："亏你还有脸问呢？你一知道我平安无恙，就会去和那华筝公主成亲。**我宁可不让你知晓我的下落才好**……"（第三十七回）

特点六：自我放纵，我行我素

> 黄蓉叫道："大家坐啊，怎么不坐了？"手一扬，一把

明晃晃的钢刀插在桌上。众宾客又惊又怕……黄蓉从怀里掏出一锭黄金,交给奶妈,又把孩子还给了她,道:"小意思,算是他外婆的一点见面礼罢。"众人见她小小年纪,竟然自称外婆,又见她出手豪阔,个个面面相觑……黄蓉哈哈大笑,自与郭靖饮酒谈笑,旁若无人,让众人眼睁睁地站在一旁瞧着,直吃到初更已过,郭靖劝了几次,这才尽兴而归。回到客店,黄蓉笑问:"靖哥哥,今日好玩吗?"郭靖道:"无端端地累人受惊担怕,却又何苦来?"黄蓉道:"**我但求自己心中平安舒服,哪去管旁人死活。**"(第三十二回)

4号在压力下会有自我放纵的倾向。黄蓉因为与郭靖有感情问题,所以才有此表现。而我行我素是因为4号永远"跟着感觉走",只遵循自己的感觉做出决定。

> 黄蓉向郭靖望了一眼,见他凝视着自己,目光爱怜横溢,深情无限,回头向父亲道:"爹,他要娶别人,那我也嫁别人。他心中只有我一个,那我心中也只有他一个。"黄药师道:"哈,桃花岛的女儿不能吃亏,那倒也不错。要是你嫁的人不许你跟他好呢?"黄蓉道:"哼,**谁敢拦我?我是你的女儿啊。**"黄药师道:"傻丫头,爹过不了几年就要死啦。"黄蓉泫然道:"爹,他这样待我,难道我能活得久长么?"黄药师道:"那你还跟这无情无义的小子在一起?"黄蓉道:"我跟他多呆一天,便多一天欢喜。"

说这话时，神情已是凄婉欲绝。(第二十六回)

生活中的4号易沉溺于痛苦中，并且有享受痛苦的倾向。黄蓉说："我跟他多呆一天，便多一天欢喜"。说是"欢喜"，其实内心已进入痛苦的感受或想象当中，仿佛这件事已活生生地发生，所以神情自然就"凄婉欲绝"啦。

黄药师——5号

黄氏父女有颇多相似之处：比如说都很聪明博学、多才多艺、我行我素。但同时也有不同之处，比如黄蓉偏感性，黄药师偏理性。

小说中的黄药师博学多才，天文地理无所不知，有很多属于5号的特质：爱独来独往，住桃花岛（愿意生活在与世隔绝的小岛上）。孤僻（所以人称东邪），清高（不愿意见外人），给人冷漠感。

特点一：博学多才，聪明，有独创能力

5号非常理性。5号天生就喜欢追求知识，善于学习，所以大多是博学之才。小说中对黄药师的这一特点从不同的侧面展现得淋漓尽致。

> 曲三道："资质寻常之人，当然是这样，可是天下尽**有聪明绝顶**之人，文才武学，书画琴棋，算数韬略，以至医卜星相，奇门五行，**无一不会，无一不精！**只不过

你们见不着罢了。"(第一回)

黄药师沉吟不答，心中好生为难，这是他生平最得意的学问，**除了尽通先贤所学之外，尚有不少独特的创见，发前人之所未发**……(第十四回)

特点二：孤僻，清高，自负

黄药师**眼睛一翻**，对六怪**毫不理睬**，说道："我不见外人。"(第十四回)

5号跟人的关系疏远，不喜欢人际交往。5号很需要自己独立的空间。所以作者给黄药师安排了一座符合他的性格的居所——桃花岛，让他与世界保持着距离。不仅如此，黄药师还用自己掌握的五行八卦之术在岛上设置重重机关，以保护自己的空间不被干扰。行为是信念的外化表现，桃花岛及岛上的布置表明了5号的生活态度——在自己的思维世界中自给自足。

周伯通道："黄老邪为人虽然**古怪**，但他**骄傲自负**，决不会如西毒那么不要脸……"(第十七回)

黄药师听了这话，心中一动，向女儿望去，只见她正含情脉脉地凝视郭靖，瞥眼之下，只觉得这楞小子实是说不出的可厌。他**绝顶聪明，文事武略，琴棋书画，无一不晓，无一不精**，自来交游的不是才子，就是雅士，

他夫人与女儿也都智慧过人，想到要将独生爱女许配给这傻头傻脑的浑小子，当真是一朵鲜花插在牛粪上了……（第十八回）

有的 5 号兴趣广泛、博采众家之长；有的 5 号学业精专，达到他人难以望其项背的境界。而且，5 号的学问往往只有少数人才明白。5 号因此自视甚高，也常常觉得别人愚不可及。郭靖理所当然成了黄药师嫌弃的对象。

黄药师道："你那小道士师兄骂得好，说我是**邪魔怪物**。桃花岛主东邪黄药师，江湖上谁不知闻？黄老邪生平最恨的是虚伪礼法，最恶的是伪圣假贤，这些都是**欺骗愚夫愚妇的东西**，天下人世世代代入其彀中，懵然不觉，当真可怜亦复可笑！我黄药师偏不信这吃人不吐骨头的礼教，人人说我是邪魔外道，哼！我这邪魔外道，比那些满嘴仁义道德、行事男盗女娼的混蛋，害死的人只怕还少几个呢！"（第二十五回）

有宋一代，最讲究礼教之防，黄药师却**是个非汤武而薄周孔的人，行事偏要和世俗相反**，才被众人送了个称号叫作"东邪"。（第二十六回）

黄药师自与全真诸子相见后，明知其中生了误会。只是他**生性傲慢**，又自恃长辈身份，**不屑**先行解释，满拟先将他们打得一败涂地、弃剑服输，再说明真相，重重**教**

训他们一顿，因此动武之际手底处处留情。(第三十四回)

郭靖道："五位师父是我亲手埋葬，难道还能冤了你不成？"黄药师**冷笑**道："冤了又怎样？黄老邪一生**独来独往**，杀几个人还会赖账？不错，你那些师父通通是我杀的！"(第三十四回)

特点三：分析力强，多虑

5号长于逻辑思维，洞察力与分析能力都很强。然而由于想得太多，常导致犹豫不决，致使行动力偏低。

黄老邪见我神色之间总是提心吊胆，说道："老顽童，当世之间，有几个人的武功胜得过你我两人？"我道："胜得过你的未必有。胜过我的，连你在内，总有四五人吧！"黄老邪笑道："那你太捧我啦。东邪、西毒、南帝、北丐四人，武功各有所长，谁也胜不了谁。欧阳锋既给你师哥损伤了'蛤蟆功'，那么十年之内，他比兄弟是要略逊一筹的了。还有个铁掌水上飘裘千仞，听说武功也很了得，那次华山论剑他却没来，但他功夫再好，也未必真能出神入化。老顽童，你的武功兄弟决计不敢小看了，除了这几个人，武林中要算你是第一。咱二人联手，并世无人能敌。"我道："那自然！"黄老邪道："所以啊，你何必心神不定？有咱哥儿俩守在这里，天下还有谁能抢得了你的宝贝经书去？"我一想不错，稍稍宽心……(第十七回)

黄药师**生性怪僻**，但怜爱幼女之心素来极强，**暗道**："我成全了她这番心愿就是。"说道："蓉儿的话也说得是。咱两个老头若不能在三百招内击败靖儿，还有什么颜面自居天下第一？"转念又想："我原可故意相让，容他挡到三百招，但老叫化却不肯让，必能在三百招内败他。那么我倒并非让靖儿，却是让老叫化了。"**一时沉吟未决**。(第四十回)

特点四：有策略

5号本身长于策略，这也是5号分析力强的一个表现。周伯通在这方面当然不是黄药师的对手。

　　周伯通道："不是，不是。黄老邪坏得很，决不用这等笨法子。打了一阵，他知道决计胜我不了，忽然手指上暗运潜力，三颗弹子出去，把我余下的三颗弹子打得粉碎，他自己的弹子却是完好无缺。"郭靖叫道："啊，那你没弹子用啦！"周伯通道："是啊，我只好眼睁睁地瞧着他把余下的弹子一一打进了洞。这样，我就算输啦！"(第十七回)

梅超风——6号

一谈到梅超风，就让人联想到恐怖的武功"九阴白骨爪"和"摧心掌"。谁曾想到仔细分析之下,梅超风竟然具有6号的特点:比如忠于师父,哪怕被赶出师门也一样对师父与桃花岛忠诚。而貌似恐怖的外表下,有着一颗充满恐惧与依赖的心。

特点一:忠于某个认可的团体或权威

6号一旦认可了某个权威或者团队,就会对其保持长久的忠诚。因为这会给6号带来安全感。

> 梅超风骂道:"我从前骂你没有志气,此刻仍要骂你没有志气。你三番四次邀人来和我夫妇为难,逼得我夫妇无地容身,这才会在蒙古大漠遭难。眼下你不计议如何**报害师大仇**,却哭哭啼啼地跟我算旧帐。咱们找那七个贼道去啊,你走不动我背你去。"
>
> ……陆乘风长叹一声,心道:"她丈夫死了,眼睛瞎了,在这世上孤苦伶仃。我双腿残废,却是有妻有子,有家有业,比她好上百倍。大家都是几十岁的人了,还提旧怨干什么?"便道:"你将你徒儿领去就是。梅师姊,小弟明日动身到桃花岛去探望恩师,你去不去?"梅超风**颤声**道:"**你敢去?**"陆乘风道:"不得恩师之命,擅到桃花岛上,原是犯了大规,但刚才给那裘老头信口雌黄地瞎说一通,我总是念着恩师,放心不下,心里好生记挂。"黄蓉道:"大家一起去探望爹爹,我代你们求情就是。"梅超风呆立片刻,眼中两行泪水滚了下来,说道:"我哪里还有面目去见他

老人家？恩师怜我孤苦，教我养我，我却**狼子野心，背叛师门**……"

梅超风叉手而立，叫道："姓郭的小子，你用洪七公所传的降龙十八掌打我，我眼睛瞎了，因此不能抵挡。姓梅的活不久了……胜败也就不放在心上，但如江湖间传言出去，说道梅超风打不过老叫化的传人，**岂不是堕了我桃花岛恩师的威名**？来来来，你和我再打一场。"（第十四回）

梅超风**背叛师门，实是终身大恨**，临死竟然能得恩师原宥，又得师父重叫昔日小名，不禁大喜……勉力爬起，要重行拜师之礼，磕到第三个头，身子僵硬，再也不动了。（第二十六回）

梅超风虽然和师兄逃离桃花岛，却一直自责"狼子野心"，而且容不得"堕了我桃花岛恩师的威名"。可见桃花岛和黄药师在她心中有多么重要的位置。

特点二：内心很多恐惧、担心，追求安稳

梅超风在很多时候会有"颤声"，这是内心恐惧的表现。确实，她的怕的东西挺多，而她骨子里其实更向往桃花岛的安宁生活。

这样**心惊胆战**地过了两年，我独个儿常常想，早知这样，盗什么劳什子的真经，还不如**安安静静地**在桃花岛好，可是陈师哥跟我这样，师父也知道了，我们还有脸在桃花岛呆下去吗？又怕曲师哥回岛。

……

这些地方都是梅超风学艺时的旧游之地，此时听来，恍若隔世，颤声问道："桃花岛的黄……黄师父，是……是……是你什么人？"

黄蓉道："好啊！你倒还没忘记我爹爹，他老人家也还没忘记你。他亲自瞧你来啦！"梅超风一听之下，只想立时转身飞奔而逃，可是脚下哪动得分毫？只**吓得魂飞天外**，又想到能见到师父，**喜不自胜**……（第十回）

老顽童——7号

老顽童的名字也说明了他的性格：快乐至上，没大没小（跟郭靖结拜兄弟），贪玩，怕承担责任与承诺（逃避瑛姑），说话尖酸刻薄。什么双手互搏、骑鲨遨游之类的玩意大概只有7号才能想得出来。相信说老顽童是7号没有什么争议。

特点一：喜欢玩乐

7号是天生的乐天派。对于7号来说，什么事都可成为娱乐，全世界都是他的娱乐场。

那长须人哈哈一笑，装个鬼脸，神色甚是滑稽，**犹**

如孩童与人闹着玩一般……

那长须人脸上登现欣羡无已的神色,说道:"你会降龙十八掌?这套功夫可了不起哪。你传给我好不好?我拜你为师。"

……

周伯通与他并肩而跪,朗声说道:"老顽童周伯通,今日与郭靖义结金兰,日后有福共享,有难共当。若是违此盟誓,叫我武功全失,**连小狗小猫也打不过**。"(第十六回)

与郭靖结拜兄弟、发一些"希奇古怪"的毒誓。这些看似荒诞不经的行为,却正是7号性情中人的作为。所以,有"滑稽"的神色,"装个鬼脸""犹如孩童"这类的形象就不出意外了。

郭靖和他说了半日话,觉得此人年纪虽然不小,却是**满腔童心**,说话**天真烂漫**,**没半丝机心**,言谈间甚是投缘……

周伯通道:"我在桃花岛上耗了一十五年,时光可没白费。我在这洞里没事分心,所练的功夫若在别处练,总得二十五年时光。不过一人闷练,虽然自知大有进境,苦在没人拆招,**只好左手和右手打架**。"

郭靖奇道:"左手怎能和右手打架?"周伯通道:"我

假装右手是黄老邪，左手是老顽童。右手一掌打过去，左手拆开之后还了一拳，就这样打了起来。"

……

周伯通凄然一笑，道："那《九阴真经》的经文，放在我身下土中的石匣之内，本该给了你，但你吮吸了蝮蛇毒液，性命也不长久，咱俩在黄泉路上携手同行，倒不怕没伴儿玩耍，在阴世玩玩四个人……不，**四只鬼打架，倒也有趣**，哈哈，哈哈。那些大头鬼、无常鬼一定瞧得莫名其妙，鬼色大变。"说到后来，竟又高兴起来。

……

周伯通爱武如狂，见到这部包罗天下武学精义的奇书，极盼研习一下其中武功，**这既不是为了争名邀誉、报怨复仇，也非好胜逞强**，欲恃此以横行天下，纯是一股难以克制的好奇爱武之念，亟欲得知经中武功练成之后到底是怎样的厉害法……

他天生的胡闹顽皮。人家骂他气他，他并不着恼，爱他宠他，他也不放在心上，只要能够**干些作弄旁人的恶作剧玩意**，那就再开心不过。（第十七回）

老顽童学武不是为好胜，而是好奇。这是他跟小说中其他高手截然不同的学武出发点。7号最怕闷，怕重复单调的生活。因为不愿面对生命中的痛苦、沉闷的一切，所以用"玩"的方式来娱乐自己。不管别人对他的态度如何，"气他骂他""爱他宠他""他也不放在心上",最重要的是开心好玩。并且他们也愿意分享自己的喜悦给他人。所以郭靖很快就感觉到了他的"天真烂漫""没有机心",于是跟他"甚是投缘"。

> 他大笑叫道:"老叫化、郭兄弟,我失陪了,要先走一步到鲨鱼肚子里去啦!唉,你们不肯**赌赛**,我虽然赢了,却也不算。"郭靖听他说话之时虽然大笑,语音中颇有失望之意,便道:"好,我跟你赌!"周伯通喜道:"这才死**得有趣**!"(第十九回)

连生死也要当赌赛来玩,死也要死得有趣,这是真正的玩家本色。这也是7号将痛苦娱乐化、合理化的表现。

特点二:喜欢新奇、好玩的事物

7号很有活力,脑筋转得很快,动作也很快,而且喜欢率性而为。所以,有时7号也会显得自私,不理会别人的想法。

> 周伯通突然坐倒在地,乱扯胡子,放声大哭。众人都一怔,只有郭靖知道他的脾气,肚里暗暗好笑。周伯通**扯了一阵胡子,忽然乱翻乱滚,哭叫**:"我要坐新船,我要坐新船。"(第十九回)
>
> 周伯通笑道:"我才**玩得有趣**呢。我跳到海里,不久就见到这家伙在海面上喘气,好似大为烦恼。我道:'老

鲨啊老鲨，你我今日可算同病相怜了！'我一下子跳上了鱼背。它猛地就钻进了海底，我只好闭住气，双手牢牢抱住了它的头颈，举足乱踢它肚皮，好容易它才钻到水面上来，没等我透得两口气，这家伙又钻到了水下。**咱哥儿俩斗了这么半天**，它才认输，乖乖地听了话，我要它往东，它就往东，要它出水，它可不敢钻入海底。"说着轻轻拍着鲨鱼的脑袋，**甚是得意**。

……周伯通道："……**有一次咱哥儿俩穷追一条大乌贼**……"（第二十二回）

周伯通**最爱热闹起哄**，见众禁军衣甲鲜明，身材魁梧，**更觉有趣**，晃身就要上前放对。黄蓉叫道："快走！"周伯通瞪眼道："怕什么？凭这些娃娃，就能把老顽童吃了？"黄蓉急道："靖哥哥，咱们自去玩耍。老顽童不听话，以后别理他。"扬鞭赶着大车向西急驰，郭靖随后跟去。周伯通**怕他们撇下了他到什么好地方去玩**，当下也不理会禁军，叫嚷着赶去。（第二十三回）

特点三：**不愿承担责任**

7号怕承担责任，因为这一点都不好玩。

黄老邪道："老顽童，你武功卓绝，用不着这副甲护身，但他日你娶了女顽童，生下小顽童，小孩儿穿这副软猬甲可是妙用无穷，谁也欺他不得。你打石弹儿只要赢了我，桃花岛这件镇岛之宝就是你的。"我道:"**女顽童是说什么也不娶的,小顽童更加不生**,不过你这副软猬甲武林中大大有名,我赢到手来,穿在衣服外面,在江湖上到处大摇大摆,出出风头,倒也不错,好让天下人都知道桃花岛主栽在老顽童手里。"

……

我道:"你死了夫人,正好专心练功,若是换了我啊,那正是求之不得!**老婆死得越早越好。恭喜,恭喜!**"(第十七回)

黄蓉在一旁听着,知道愈说下去局面愈僵,有这老顽童在这里纠缠不清,终是难平柯镇恶的怒火,接口道:"老顽童,'鸳鸯织就欲双飞'找你来啦,你还不快去见她?"周伯通大惊,**高跃三尺**,叫道:"什么?"黄蓉道:"她要和你'晓寒深处,相对浴红衣'。"周伯通**更惊**,大叫:"在哪里?在哪里?"黄蓉手指向南,说道:"就在那边,快找她去。"周伯通道:"我永不见她。好姑娘,以后你叫我做什么我就做什么,可千万别跟她说曾见到过我……"话未说完,已拔足向北奔去。黄蓉叫道:"你说了话可要作数。"周伯通远远地道:"老顽童一言既出,八马难追。""**难追**"**两字一出口,早一溜烟般奔得人影不见**。黄蓉本意是要骗他去找瑛姑,岂知他对瑛姑**畏若蛇蝎,避之唯恐不及**,倒是大出意料之外,但不管怎样,总是将他骗开了。(第三十三回)

特点四：以捉弄别人为乐

7号花了很多心思来捉弄别人，因为"独乐乐"显然不如"众乐乐"。

> 显然周伯通料到他奔到洞前之时必会陷入第一个洞孔，又料到他轻身功夫了得，第一孔陷他不得，定会向里纵跃，便又在洞内挖第二孔；又料知第二孔仍然奈何他不得，算准了他退跃出来之处，再挖第三孔，并在这孔里撒了一堆粪。
>
> ……
>
> 郭靖大吃一惊，叫道："大哥，这……这……你教我的当真便是《九阴真经》？"周伯通哈哈大笑，说道："难道还是假的么？"郭靖目瞪口呆，登时傻了。**周伯通见到他这副呆样，心中直乐出来**，他花了无数心力要郭靖背诵《九阴真经》，正是要见他于真相大白之际惊得晕头转向，此刻心愿得偿，如何不大喜若狂？
>
> 周伯通向来不理事情的轻重缓急，**越见旁人郑重其事，越爱大开玩笑**。（第十九回）
>
> 欧阳锋先前把话说得满了，在众人之前怎能食言？只得道："输了又怎的？难道我还赖不成？"周伯通道："嗯，我得想想叫你做件什么难事。好，**你适才骂我放屁，我就叫你马上放一个屁！让大伙儿闻闻**。"（第二十二回）

老顽童为老不尊，小辈对他喝骂，他也毫不在意，想了一会，忽道："有了。郭兄弟，我拉着你手，你把下半身浸在水中。"郭靖尊敬义兄，虽不知他的用意，却就要依言而行。黄蓉叫道："靖哥哥，别理他，他要你当鱼饵来引鲨鱼。"周伯通拍掌叫道："是啊，鲨鱼一到，我就打晕了提上来，决计伤你不了。要不然，你拉住我手，我去浸在海里引鲨鱼。"

……

周伯通扒耳抓腮，无话可答，过了一会，却怪洪七公不该被欧阳锋打伤……黄蓉喝道："你再胡说八道，咱们三个就三天三夜不跟你说话。"周伯通**伸伸舌头，不敢再开口，**接过郭靖手中双桨用力划了起来。（第二十三回）

洪七公笑道："老顽童自有他的顽皮法儿。他在身上推下许多污垢来，搓成了十几颗药丸，逼他们每人服上三颗，说道这是七七四十九天后发作的毒药，剧毒无比，除他之外，天下无人解得。他们若能听话，到第四十八天时就给解药……"（第三十三回）

老顽童有他自己一整套的"顽皮法儿"，什么"假毒药""人饵钓鲨鱼""骗郭靖学《九阴真经》"等等。而黄蓉也有治他的办法，"咱们三个三天三夜不跟你说话"。可说是深懂如何玩7号的游戏，抓住了7号怕闷怕孤独的特点，有针对性地处理，正中其要害。老顽童就只好"伸伸舌头，不再敢开口"了。

成吉思汗——8号

成吉思汗具有的特点是：王者风范，能忍辱负重，善于用人、会笼络人心，由小发展到大，不断拓展自己王国的疆土。很容易看出这是一个8号类型的人。

特点一：爱惜人才，善于激励、奖赏

真正的领导者都懂得人才的重要性，同时也善于运用奖赏与激励的方式使人才为己所用。8号自己是强者，同时也懂得欣赏强者。所谓英雄识英雄。铁木真（成吉思汗）对哲别的爱惜是发自内心的——

> 铁木真看到这时，早已爱惜哲别神勇，叫道："你还不投降吗？"哲别望着铁木真**威风凛凛**的神态，不禁折服倾倒，奔将过来，跪倒在地。铁木真哈哈大笑，道："好好，以后你跟着我罢！"
> ……铁木真大喜，取出两块金子，赏给博尔术一块，给哲别一块。（第三回）

"威风凛凛"四字到位地形容出8号的霸气，而爱惜人才的态度也足以令哲别折服倾倒。

> 铁木真道："今日我见有两个人特别勇敢，冲进敌人后军，杀进杀出一连三次。射死了数十名敌人，一个是者

勒米，另一个是谁呀？"众兵叫道："是十夫长哲别！"铁木真道："什么十夫长？是百夫长！"众人一愣，随即会意，知是铁木真升了哲别的职位，欢呼叫道："哲别是大勇士，可以当百夫长。"铁木真对者勒米道："拿我的头盔来！"者勒米双手呈上。铁木真伸手拿过，举在空中，叫道：**"这是我戴了杀敌的铁盔，现今给勇士当酒杯！"**揭开酒壶盖，把一壶酒都倒在铁盔里面，自己喝了一大口，递给哲别。

哲别满心感激，一膝半跪，接过来几口喝干了，低声道："镶满天下最贵重宝石的金杯，也不及大汗的铁盔。"铁木真微微一笑，接回铁盔，戴在头上。（第四回）

铁木真生平最爱的是良将勇士，见郭靖一箭力贯双雕，心中甚喜。

……

铁木真道："蒙古人受大金国欺压。大金国要我们年年进贡几万头牛羊马匹，难道应该的吗？大家给大金国逼得快饿死了。咱们蒙古人只要不是这样你打我，我打你，为什么要怕大金国？我和义父王罕素来和好，咱们两家并无仇怨，全是大金国从中挑拨。"**桑昆部下的士卒听了，人人动心，都觉他说得有理**。铁木真又朗声道："蒙古人个个是能干的好战士，咱们干什么不去拿金国的金银财宝？干吗要年年进献牲口毛皮给他们？蒙古人中有的勤勉放牧牛羊，有的好吃懒做，为什么要勤劳的养活懒惰的？

为什么不让勤劳的多些牛羊？让懒惰的人饿肚子？"

……因此铁木真这番话，**众战士听了个个暗中点头。**

……

在大会之中，众人推举铁木真为全蒙古的大汗，称为"成吉思汗"，那是与大海一般广阔强大的意思。成吉思汗**大赏有功将士**……（第六回）

奖赏、激励是领导者统率群雄的手段。8号是很愿意扶持下属的。只要下属忠心耿耿，8号通常都会关怀备至、爱护有加。8号给人的感觉，一方面很霸气、很有压力，一方面又让人感到有情有义。

特点二：统观全局，富有策略

领导者总是比被领导者站得更高、看得更远。同时，有策略才能保障目标的有效达成——

铁木真忽然挥动长鞭，又在空中啪啪数响，蒙古兵喊声顿息，**分成两翼**。铁木真和札木合各领一翼，风驰电掣地往两侧高地上抢去……铁木真在左首高地上观看战局，见敌兵已乱，叫道："者勒米，冲他后队。"（第三回）

铁木真道："王罕兵多，咱们兵少，**明战不能取胜，必须偷袭。我放了都史，赠送厚礼，再假装胸口中箭，受了重伤，那是要他们不做提防。**"诸将俱都拜服。（第六回）

特点三：能忍辱负重

忍辱负重为的是顾全大局，也是领导者的胸怀广阔的表现——

蒙古人习俗，阻止别人饮酒是极大的侮辱。何况在这众目睽睽之下，叫人如何忍得？铁木真寻思："瞧在义父脸上，我便**再让桑昆一次**。"当下对哲别道："拿来，我口渴，给我喝了！"（第三回）

铁木真感激王罕昔日的恩遇，心想不可为此小事失了两家和气，**当即笑着俯身抱起都史**……铁木真向王罕笑道："义父，孩子们闹着玩儿，打什么紧？我瞧这孩子很好，我想把这闺女许配给他，你说怎样？"（第五回）

特点四：胸怀大志，能吸引追随者，拓展自己的王国

8号非常需要自己做出决定。很多8号从小就渴望建立自己的王国，以此满足自己的支配欲。而且，8号很善于给追随者描绘未来的蓝图。人是很容易被远大理想吸引的，而这正是8号吸引追随者的重要秘诀。

铁木真道："嗯，**你是勇士，是极好的勇士。**"指着远处点点火光，说道："**他们也都是勇士。咱们蒙古人有这么多好汉，但大家总是不断地互相残杀。只要大家联在一起。**"眼睛望着远处的天边，昂然道："**咱们能把青天所有覆盖的地方……都做蒙古人的牧场！**"郭靖听着这

番抱负远大、胸怀广阔的话语，对铁木真更是五体投地地崇敬……（第六回）

成吉思汗勒马四顾，忽道："靖儿，我所建大国，历代莫可与比。**自国土中心达于诸方极边之地，东南西北乘马奔驰，皆有一年行程**。你说古今英雄，有谁及得上我？"（第四十回）

特点五：严厉，甚至残暴与专横

世界上没有白吃的午餐，与8号的奖赏与激励配套的，就是他的严厉甚至残暴与专横了。8号脾气很暴躁，也很容易情绪化，做事冲动，"自任大汗以来，无一人敢违背他的旨意。"成吉思汗的性格也因有了这一面而完整与丰满——

但铁木真不论训子练兵，都是**严峻之极，犯规者决不宽待**，他大声喝问，众兵将个个悚栗不安。（第三回）

成吉思汗笑道："没事，没事。这狗城不服天威，累得我损兵折将，又害死了我爱孙，须得**大大洗屠一番**。大家都去瞧瞧。"当下离座步出，诸将跟随在后。

……当成吉思汗率领诸将前来察看时，早已有十余万人命丧当地，四下血肉横飞，蒙古马的铁蹄踏着遍地尸首，来去屠戮。成吉思汗哈哈大笑，叫道："杀得好，杀得好，**叫他们知道我的厉害**。"（第三十七回）

特点六：表达简洁、直接

这是 8 号实干、追求效率的真实体现。

> 成吉思汗从揭开着的帐门望出去，向着帐外三万精骑出了一会神，低沉着声音道："这么写，只要六个字。"顿了一顿，大声道："**你要打，就来打！**"（第三十六回）

一灯大师——9 号

避世、出家为僧，感化裘千仞，与人为善，将瑛姑与老顽童私通之事也大事化小……这种种表现都显示出一灯大师的 9 号特质。

特点一：多笑容，亲切，体谅他人

9 号没有攻击性，比较平和，很有亲和力，容易跟人相处。小说中描写一灯的表情时，有非常多与"笑"有关的词语。而他的态度也是友善亲和的。

> 那长眉僧人**微微一笑**，站起身来，伸手扶起二人，**笑道**："七兄收得好弟子，药兄生得好女儿啊。听他们说你是……"

> 那僧人**呵呵笑道**："他们就怕我多见外人。其实，你们又哪里是外人了……"

……

一灯笑道:"是啊,你师父的口多入少出,吃的多,说的少,老和尚的事他决计不会跟人说起。**你们远来辛苦,用过了斋饭没有?咦!**"

……

黄蓉一生之中从未有人如此慈祥相待,父亲虽然爱怜,可是说话行事古里古怪,平时相处,倒似她是一个平辈好友,父女之爱却是深藏不露,这时听了一灯这几句**温暖之极**的话,就像忽然遇到了她从未见过面的亲娘,受伤以来的种种痛楚委屈苦忍已久,到这时再也克制不住,"哇"的一声,哭了出来。一灯大师柔声安慰:"乖孩子,别哭别哭!你身上的痛,伯伯一定给你治好。"他越说得亲切,黄蓉心中百感交集,哭得越厉害,到后来抽抽噎噎的竟是没有止歇……

一灯大师轻声道:"起来,起来,**别让客人心中不安**。"(第三十回)

特点二:回避矛盾与冲突

后来我大理国出了一件不幸之事,我师看破世情,落发为僧。(第三十回)

只听一灯道:"我这场病生了大半年,痊愈之后,**勉力排遣,也不再去想这回事**……"(第三十一回)

如果说在一灯出家后因为参禅礼佛而陶冶了平和的性情,很难判别他是 9 号的话,那他在出家之前的行为就完全可以显现他的本来性情了。最典型的是他连贵妃与人偷情这样的事也可以装作不知,真可谓是和事佬了——

> 一灯接着道:"有人前来对我禀告,我心中虽气,**碍于王真人面子,只装作不晓,**哪知后来却给王真人知觉了,想是周师兄性子爽直,不喜隐瞒……"
>
> ……
>
> 一灯道:"唉,那倒不是。他们相识才十来天,怎能生儿育女?王真人发觉后,将周师兄捆缚了,带到我跟前来让我处置。我们学武之人义气为重,女色为轻,**岂能为一个女子伤了朋友交情?我当即解开他的捆缚,并把刘贵妃叫来,命他们结成夫妇……**"(第三十一回)

9 号很容易忘记自己,体谅他人。因而不好竞争、愿意谦让忍耐、大事化小、息事宁人。上面几段文字充分体现了一灯的 9 号特点。

特点三:处事犹豫不决

> 一灯道:"我当时**推究**不出,刘贵妃抱着孩子不停哭

泣。这孩子的伤势虽没黄姑娘这次所受的沉重，只是他年纪幼小，抵挡不起，若要医愈，也要我大耗元气。我**踌躇良久**，见刘贵妃哭得可怜，好几次想开口说要给他医治，但每次总想到只要这一出手，日后华山二次论剑，再也无望独魁群雄，《九阴真经》休想染指。唉，王真人说此经是武林的一大祸端，伤害人命，戕贼人心，当真半点不假。为了此经，我仁爱之心竟然全丧，一直**沉吟了大半个时辰，方始决定为他医治**。唉，在这大半个时辰之中，我实是个禽兽不如的卑鄙小人。最可恨的是，到后来我决定出手治伤，也并非改过迁善，**只是抵挡不住刘贵妃的苦苦哀求。**"

（第三十一回）

这正是9号优柔寡断的最好表现。

除了一灯大师作为9号的代表外，小说中的全真七子之首的马钰也应该是9号的性格。

金庸先生的《射雕英雄传》能够成为武侠经典，也有赖于这些栩栩如生、个性鲜明的人物。性格即命运，是内在的性格因素推动了每个人物的人生轨迹。

所以，我们在看精彩小说故事的同时，也可以从中学习九型人格，这也是一种比较趣味化的学习方式。

第 6 章
辨别型号

你的性格不等于你。你的真我大于你的性格。但你必须有勇气面对自己黑暗的一面，才能觅得真我。辨别型号的过程也是一个深入的、知己知彼的过程。

了解自己才能够真正地接纳自己，自我接纳才能自我超越。同时，了解他人才能更好地理解他人，才能更好地与他人相处。

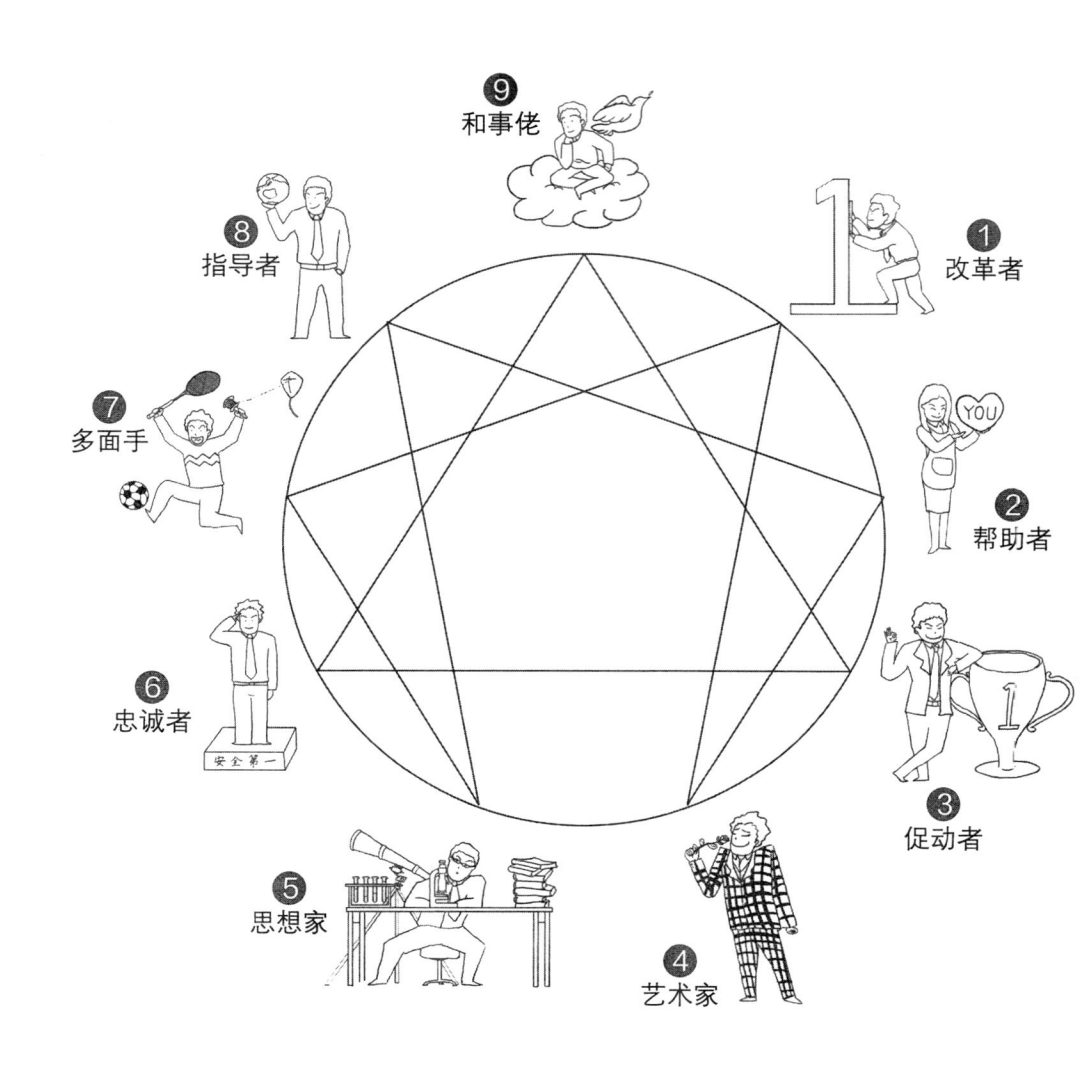

- ❾ 和事佬
- ❽ 指导者
- ❶ 改革者
- ❼ 多面手
- ❷ 帮助者
- ❻ 忠诚者
- ❸ 促动者
- ❺ 思想家
- ❹ 艺术家

辨别型号的要点

第一，能量中心

能够帮助我们大致辨别型号的方法是：三个能量中心。本书第二章所介绍的能量中心理论是帮助我们初步认知自己性格的工具。用脑中心、心中心、腹中心的方法不一定能立刻确定性格号码，但是起码可以缩小"包围圈"，锁定在一个更小的范围内去探索。

第二，基本动机

所谓基本动机，是指每个型号的基本欲望和基本恐惧。从行为上来分辨型号是不准确的。因为不同的型号有可能具有同样的行为。比如，九型人格理论说 2 号很愿意付出，但是除了 2 号，别的型号其实也会有付出的行为。只是同样的付出背后可能有不同的动机——有的人是为了得到认可，有的人是为了安全感，有的人是基于责任。

第三，追溯童年

童年的表现有可能揭示我们真正的性格取向。在长大成人的过程中，我们可能在生活中经历了一些重大挫折，或是接受过某类专门的训练，性格表现会有很大的调整或改变。而童年的体验往往避开了这些因素。比如，2号小时候就想长大照顾父母，担起家庭的担子；3号小时候就很在乎形象；8号小时候就是孩子王。

第四，自在状态

有时候我们基于职业需要，可能表现出另外一种型号的明显特质。比如，我本来是一个4号，很喜欢艺术，可是我在企业中是销售人员，所以我常常会表现出3号的目标感和行动力。但是，我处于4号的时候是最自在的。3号的表现只是我的职业需要。所以，当你对性格发生混淆时，可以区分一下，自己哪些表现是自在状态，哪些是职业状态。

第五，真实与渴望

你需要区分自己所认为的性格是真实的性格还是渴望的性格。有时我们会认为某种型号特别好，想成为这个型号的人，但实际上我们真实的自己是另一种性格。所以你要明白，每一种性格都有优势与劣势，没有哪一种比另一种更优越、更高级。接纳真实的自己，才能走向完善的自己。

九型人格辨认难点

1号与8号

区分1号与8号的重点在于，看对方做事情是注重过程、细节还是最终的成果。

如果你是公司的老总，现在有一个项目需要你去策划，你会：

1. 确定大方向之后，将任务分解给各人，然后让他们去做，只需要向你报告最终的结果。

2. 确定大方向之后，习惯性安排出一系列的计划，然后要求他们按照你设定的计划去做。

答案1是8号的表现。

答案2是1号的表现。

1号与9号

区分1号与9号的重点在于原则、对错上面。

同事之间发生争执，你的反应是：

1. 觉得应该去管，但如果不是在自己眼前发生，就尽量不去过问。

2. 如果真的要你去处理，你会看谁对谁错，还是尽量大事化小，小事化无。

觉得应该去管并且在处理时分辨对错的是1号的表现。

尽量不去过问，尽量大事化小、小事化无的是9号的表现。

2号与6号

区分 2 号与 6 号的重点在于对方关注的是爱还是安全感。

如果你有小孩,你常常去接他(她)上学、放学,你这样做的出发点是:

1. 争取多一些的时间陪他(她)。

2. 担心小孩过马路不安全或是被坏人拐带。

答案 1 是 2 号的表现。

答案 2 是 6 号的表现。

3号与7号

区分 3 号与 7 号的重点,是看对方是否注重实用性及对待痛苦的态度如何。

在大学里,很多同学都会打网球,你还不会,于是:

1. 即使打网球对自己来说是挺痛苦的,你还是会坚持,因为这是一个社交的工具。

2. 看看自己对网球的兴趣大不大,如果吸引不了自己,就不会去学。

答案 1 是 3 号的表现。

答案 2 是 7 号的表现。

3号与8号

区分 3 号与 8 号的重点是对事业的取向、心态。

企业要做大,是为了:

1. 自己的获益更多。

　　2. 建立自己的事业王国，或是征服某个领域。

答案1是3号的表现。

答案2是8号的表现。

3号与9号

区分3号与9号的重点，是看对方对于成就、成功的追求和向往的程度。

我内心真正渴望的是有一天自己可以出人头地，然而父母总是教育我不要锋芒太露，做人要低调点：

　　1. 我内心那团火总是时不时要冒出来。

　　2. 所以我享受自由自在，低调的生活节奏。

答案1是3号的表现。

答案2是9号的表现。

4号与6号

区分4号与6号的重点，是看对方注重自我感受，还是注重安全感。

当你站在高处往下看，开始浮想联翩：

　　1. 万一摔下来，自己死的样子是否凄美。

　　2. 万一摔下来，怎样在中途逃生以获救。

答案1是4号的表现。

答案2是6号的表现。

5号与9号

区分5号与9号的重点,是看对方对自己的观点或知识的认同态度。

朋友聚会,一起讨论某个课题,你会:

1. 一定要强调自己的立场,并坚持自己的观点,会提出一些别人觉得钻牛角尖的问题,往往把讨论变成辩论。

2. 虽然也坚持自己的观点,但表现会是得过且过,以免伤和气。

答案1是5号的表现。

答案2是9号的表现。

5号与8号

区分5号与8号的重点是看对方行动力的强弱,以及遇事是否即时反应。

公司开会商量是否将项目上马,你的做法是:

1. 很快地凭直觉做出决策。

2. 经过分析、讨论之后才做决定。

答案1是8号的表现。

答案2是5号的表现。

6号与3号

区分6号与3号的重点在于行动力,看对方遇事是否采取实际行动。

了解到公司有一个职位空缺，你会：

1. 很想要，又怕别人说，犹豫不决，只停留在想的层面，行动迟疑。

2. 设计目标，千方百计争取，立即行动，表现自己。

答案1是6号的表现。

答案2是3号的表现。

第 7 章
九型的两翼与飞跃

性格性格，性是天性，格是人格。

天性是人们本身具有的、圆满的；人格是有分别的，有缺陷的。

研究、学习性格学说的目的就是：超越人格的局限，恢复天性的圆满。这就是格物致知、明心见性。

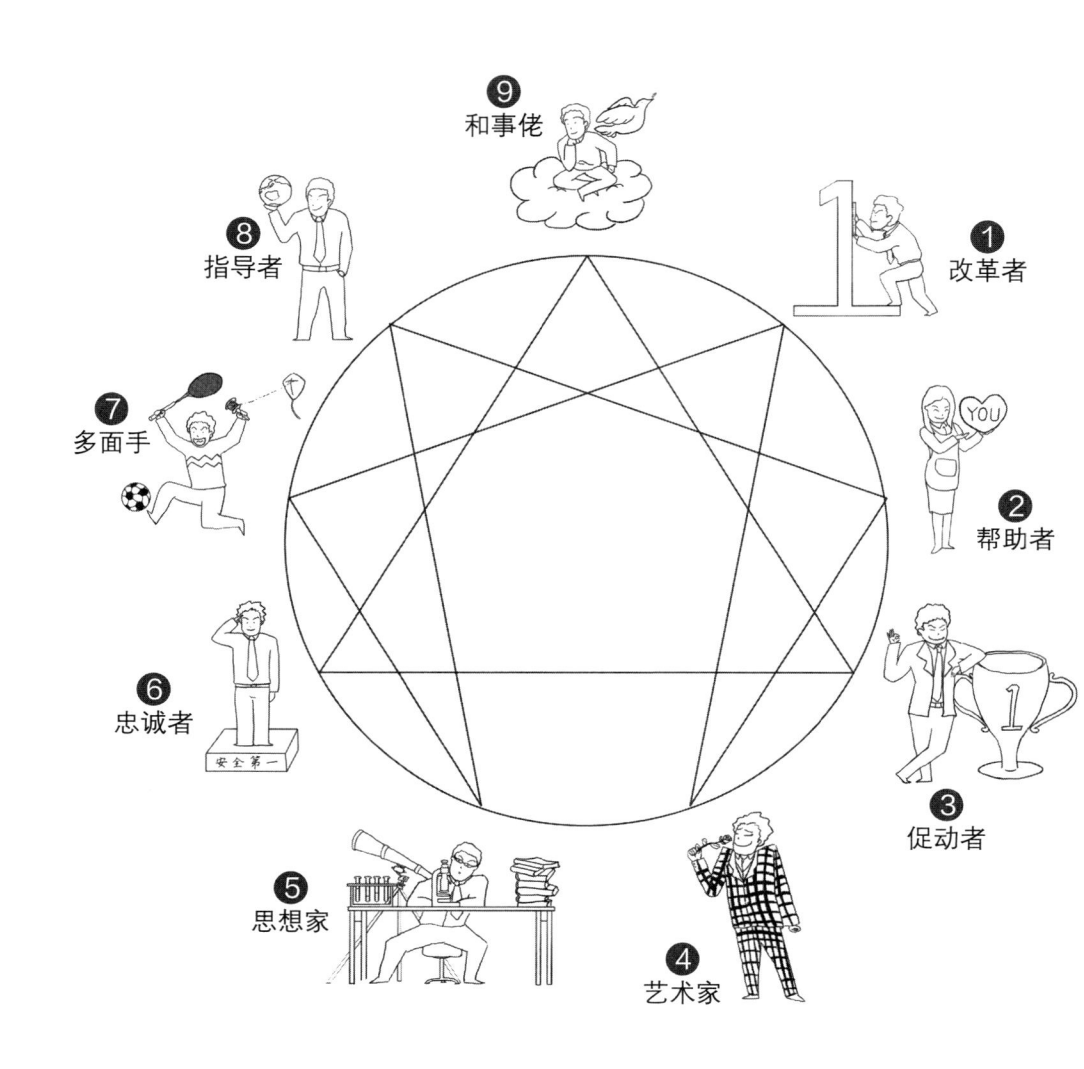

- ❶ 改革者
- ❷ 帮助者
- ❸ 促动者
- ❹ 艺术家
- ❺ 思想家
- ❻ 忠诚者
- ❼ 多面手
- ❽ 指导者
- ❾ 和事佬

让我们回头看看九柱图（见图2-1），这一章我们要探讨的是翼的学问。

从图2-1的九柱图中可以看出，在九柱图的圆周上均等地分布着九个点，这九个点代表了九个号码在九柱图中所处的位置。如果你的号码刚好在某个点上，你就是纯正的某种性格。如果你的性格在两点之间，就看你偏重哪个号码，偏重的号码就是你的核心号码。比如你的性格在1号和9号之间，偏重1号，你的核心号码就是1号，而9号和2号就是你的两个侧翼。这两个侧翼的号码也会对你的核心号码的表现有所影响。这种情况就被称为1偏9。

翼的学问

1号

1号偏9翼，**理想主义者**。

发展健康的：内向，有理想，有个人的生活哲理，仁慈，大方，有容人之量。

一般的：有理想，想多于做，弹性较差，容易不耐烦，甚至对人出言不逊，选择独自工作。

1号偏2翼，**鼓吹者**。

发展健康的：较为外向，希望将理想实现。具有同理心，对人热诚，有强烈的信念。

一般的：需要独处，在确定对别人有利时，才肯进行利他主义，觉得被挑战时会具有侵略性，有时会急进，不能忍受挫败。

2号

2号偏1翼，**忠仆**。

发展健康的：认真，热诚，道德标准高，乐于助人，视替人减轻痛苦增加快乐为己任，不好功名。

一般的：觉得需要为他人的处境负责任，倾向于过分自责，为了帮别人，不理会个人健康或需求，扮演殉道者。

2号偏3翼，**派对主人**。

发展健康的：比2偏1外向，有目标感，有魅力，适应能力强，喜欢照顾人、娱乐人，能与人分享个人财富。

一般的：友善，有幽默感、感情过分丰富，具有诱惑性，没有2偏1值得信赖。

3号

3号偏2翼，**魅力大师**。

发展健康的：友善,乐于助人,喜欢社交生活,不喜欢待在家中。

大方慷慨，求上进，与人维持良好的关系。

一般的：希望得到别人的爱慕，利用别人对自己的好感达到目标。

3号偏4翼：**专业人士**。

发展健康的：希望工作表现得到认同，尊重自己的专业，认真。

一般的：认为自我价值来自事业上的成就，而并非个人特质，过分追求完美，容易自贬、自嘲，对人虚伪，自大。

4号

4号偏3翼，**贵族**。

发展健康的：将创意与野心结合，有强烈的自我改善的意识，希望自己既成功又突出，着重于自我表达的方式，避免接触没有品位的人和事。

一般的：过分自觉，在意别人对自己的看法，希望所做的一切都被人认同，追求物质享受，生活奢华，经常入不敷出。

4号偏5翼，**艺术家**。

发展健康的：创意无穷，具有极强的内省能力，因此作品都能发人深省，创作是为了满足个人表达的欲望，而非为了追名逐利。

一般的：沉迷于幻想世界，对自己的内在世界较外在世界更具兴趣，喜欢神秘学和诡异的事物。重视私人空间，做事不能脚踏实地。

5号

5号偏4翼，**反对传统信仰者**。

发展健康的：好奇，洞悉力强，对事物有独特的见解，有创意，对艺术比对科学有兴趣，喜欢运用想象力多于分析能力，经常异想天开。

一般的：对事物有强烈的感受，处事缺乏坚持力，人际关系较差，性格独立，抗拒照着既定架构运作，做事不能脚踏实地。对传统违禁事物感兴趣。

5号偏6翼，**解决问题者**。

发展健康的：做事有组织，留意细节，观察能力强，因此能够做出准确的预测，追求安全感，合作性强，有纪律，能坚持，脚踏实地。

一般的：对理论及科技特别感兴趣，事事查根问底，缺乏内省能力，喜爱辩驳，自卫性强，容易与人发生冲突。

6号

6号偏5翼，**防卫者**。

发展健康的：拥有科技专长，善于解决实际问题，对系统及架构的学问（如科学、法律、数学）尤其有兴趣，集中能力强。而生命焦点通常比较狭窄，喜欢为受欺压者出头。

一般的：较为独立及严肃。经常寻求他人的意见去支持自己的立场，认为世界充满危险，因此会加入对抗危机的组织。表面上反对权威，实际上又喜欢依附另类权威。

6号偏7翼，**好朋友**。

发展健康的：忠于承诺，是一个用尽方法令人开心的人。生活得安全又舒适。对生命有热诚，喜欢玩乐，充满活力，有幽默感，常令人发笑。有时会自贬、自嘲。

一般的：希望被人喜爱和接受，逃避面对自身的问题，做出决策前希望得到他人认同，用购物、运动、逛街去消解忧虑。

7号

7号偏6翼，**表演者**。

发展健康的：热爱生命，幽默感极佳。积极正面，脑筋转得快，合作性强，有很高的组织能力，经常能够少劳多得。

一般的：机智，话多，有时生命会没有焦点，缺乏安全感，追求激烈的感情关系，不喜欢独处。有酗酒或滥用药物倾向。

7号偏8翼，**现实主义者**。

发展健康的：热爱这个世界，追求物质享受。干劲+适应能力+快速行动=卓越成就。对目标抱着志在必得的态度。

一般的：工作狂。有时因为目标太多而分散注意力。对事比对人更有兴趣，因此对人存有利用心态，直接的态度有时会比较粗鲁。

8号

8号偏7翼，**独立者**。

发展健康的：脑筋灵活，脚踏实地，有魅力，能吸引到跟随者。

勇于接受挑战，希望流芳百世。所有类型中最独立的一种。天生创业家。

一般的：喜欢冒险，倾向于夸大，嫉妒外向，充满信心。不太看重是否能够取悦他人，对软弱或缺乏效率的人感到不耐烦。冲动，有侵略性。

8号偏9翼，**大灰熊**。

发展健康的：兼具力量、自信及决断力。默默耕耘，静观世情，为人比8偏7稳健，侵略性并不明显，有强烈的家庭观念，是个肯保护跟随者的领袖，不会冒不必要的险。

一般的：双面人，对家人热情，对同事表现决断及带有侵略性，希望平静地生活，并在幕后操纵一切，有时会因平和的外表而被别人低估。脾气来得急也去得快。

9号

9号偏8翼，**公证人**。

发展健康的：和善，懂得安抚别人，脚踏实地，精于调解人际纷争。着重于照顾他人的需求，喜欢与人合作共事，擅长做辅导及顾问式的工作。

一般的：喜欢社交及玩乐，因此有可能会漫无目标地做人。有时比较固执，防卫性强，不肯听人劝导，当个人价值被质疑时，会无故大发脾气。

9号偏1翼，**编梦者**。

发展健康的：想象能力强，有创意，能将诸多门类的学说融会成理想世界的根基。对于非文字的沟通模式尤其精通。喜欢在大机构中工作。

一般的：在外在世界中寻求秩序，以令内在世界有秩序。经常会无事忙，没有冒险精神，不会表达愤怒，希望得到尊重，并觉得自己高人一等。

性格飞跃

两翼不仅是一个概念，也是每个型号得以活出真我、得以起飞的关键。性格的两翼对于人的性格可以起到一个很好的作用：平衡。这一点符合《中庸》的智慧，做人其实就是平衡智慧之道。所谓过犹不及，物极必反。虽说以每一个型号各具特点，然而，在发挥作用时需要调节与平衡。

1号起飞途径

1号的两翼分别是9号和2号。

1号要起飞——

第一，要活出本身的优势：认真、负责、公正公平、做事高要求、遵守诺言。

第二，要学习9号的优点，以9号的平和、接纳之心去做平衡，避免自己从要求变为苛求，从认真变为较真，从负责变成指责，从挑战变为挑剔。1号容易看到不足的部分，9号则比较乐观。学习9号，1号可以取得正面焦点与负面焦点之间的平衡。

第三，要学习2号的优点，2号有爱心，喜欢感受他人。1号焦点容易放在事情上，2号的焦点在人身上。学习2号，1号可以取得人与事之间的平衡。

当自身成熟，两翼健全，1号就会起飞，并飞到7号的位置。这时的1号会从关注阴影到关注阳光，从一味挑错到能看到优点，从一脸严肃到身心放松。同时，思维也能变得灵活，敢于创新和打破框架，接纳不同类型的人，活得率性而开放。

2号起飞途径

2号的两翼分别是1号和3号。

2号要起飞——

第一，要活出本身的爱与付出，以人为本，具有同理心，善于感受他人，等等。

第二，要学习1号的原则与理性，以平衡自己感情用事的倾向。1号的公平公正也提醒2号留意，是否只是以关系亲疏来做决定。学习1号，2号可以取得原则与情感的平衡。

第三，要学习3号的目标感和行动力，而不要只是纠缠于个人感情之中。学习3号，2号可以取得情感与目标之间的平衡。

当自身成熟，两翼健全，2号就会起飞，并飞到4号的位置，这时的2号在关心他人的同时也能照顾自己的感受，并且更有创造性。2号可以像4号一样坚持理想，自我挖掘，在关爱他人的同时善待自己。

3号起飞途径

3号的两翼分别是2号和4号。

3号要起飞——

第一，要活出本身的强烈的企图心，成就梦想与目标的内在动力，以及因此产生的快速行动力。

第二，要学习2号对他人的关注和感受，3号容易做个人英雄，自己出风头，而让团队其他人没展示的机会。3号学习2号，可以取得自我与他人的平衡。

第三，要学习4号善于聆听自己内心的声音，找到内在真正的需求。3号容易一味追逐外在目标，而忽略内在的呼声。3号学习4号，可以取得内在与外在的平衡。

当自身成熟，两翼健全，3号就会起飞，并飞到6号的位置。这时的3号不仅有短跑的冲劲，还有长跑的后劲；不仅有追求成果的速度，还有把握方向的稳度。从喜欢展翅炫耀的孔雀，转化为脚踏实地的骏马，变得更为踏实忠诚，谨慎负责，心怀团队。

4号起飞途径

4号的两翼分别是3号和5号。

4号要起飞——

第一，要活出本身的独特品位、创新精神，以及不走寻常路的人生态度。

第二，要学习3号的务实精神，将事情落地。4号有些不食人间烟火，不耐烦琐碎事物，比较喜欢随心所欲地游荡，学习 3 号，可以取得务实与务虚的平衡。

第三，要学习 5 号的理性与系统思考的谋略。4 号情感丰富，感觉敏锐，容易在情绪中跌宕起伏。而且，4 号仅凭感觉来探寻世界，其实并不容易走远。5 号的理性是 4 号的灯塔，可以照亮更远的范围，看到更远的风景。4 号学习 5 号，可以取得情绪与理智的平衡。

当自身成熟，两翼健全，4 号就会起飞，并飞到 1 号的位置。这时 4 号不仅具有感性，也具有理智；不仅富于灵感，也能持有原则。不再随意地沉溺于情绪与感受之中，过于感情用事。

5 号起飞途径

5 号的两翼分别是 4 号和 6 号。

5 号要起飞——

第一，要活出本身的思想深度，深谋远虑。同时能耐得住寂寞，在一个领域内有钻研的精神和孜孜不倦求知的精神。

第二，要学习 4 号的感性部分，5 号善于用脑思考，而不善于表达内心的情感和感受。有人说，心的能量是脑的 1000 倍。从偏重用脑到心脑并重，对 5 号是一个很棒的突破。5 号学习 4 号，可以取得脑与心的平衡。

第三，要学习 6 号的团队精神。5 号往往喜欢独来独往，有"独行侠"的雅号。而 6 号则愿意并肩作战，与众同行。5 号学习 6 号，可以取得个人与团队的平衡。

当自身成熟，两翼健全，5 号就会起飞，并飞到 8 号的位置。5 号从研究学问的书房里走出来，迈入真实的社会，也是从空想到践行，从思想者转型成为领导者。这时的5号也会像8号一样勇者无畏，行事果敢，行动力强，有气魄和敢于承担。

6号起飞途径

6号的两翼分别是5号和7号。

6号要起飞——

第一，要活出本身的工作踏实、具有责任心、善于感知风险、谨慎行事的特质。

第二，要学习5号的善于分析，理性决策。6号心中常常充满恐惧与担心。5号的理智思考对6号来说是一剂"镇静剂"，可以区分6号的担心到底是事实还是演绎。6号学习5号，可以取得恐惧与冷静的平衡。

第三，要学习7号的乐观主义，核心是正面看待问题的能力与思维模式。6号看到的风险往往多于机会。6号学习7号，可以取得乐观与悲观的平衡。

当自身成熟，两翼健全，6号就会起飞，并飞到9号的位置，也就是从焦虑的情绪到接纳的智慧，从活在对未来的担忧中，转化成活在当下，可以适当地随遇而安，态度更为平和从容，也能有效地信任别人。

7号起飞途径

7号的两翼分别是6号和8号。

7号要起飞——

第一，要活出本身的乐天派的洒脱，充满激情与活力，有远大理想及创造性。并且，对于新鲜事物具备敏锐的感知力。

第二，要学习6号的一步一个脚印的踏实作风。7号善于出各种创意点子，但缺乏持续落地的承诺，容易虎头蛇尾。7号学习6号，可以取得创意与实践的平衡。

第三，要学习8号的勇于担当，敢于负起领导责任。7号易沉溺于娱乐与感官享受。汲取8号的气魄和能量，7号就有机会成为欢乐英雄。7号学习8号，可以取得欢乐与责任的平衡。

当自身成熟，两翼健全，7号就会起飞，并飞到5号的位置。这是一个从杂家到专家，也是从宽度到深度的方向的转变。这时的7号会逐步具备5号的自律精神，思考有深度，善于收集资料并富有谋略。

8号起飞途径

8号的两翼分别是7号和9号。

8号要起飞——

第一，要活出本身的无所畏惧，天生英雄的气魄，敢作敢当，不惧挑战，同时也懂得爱惜人才。

第二，要学习7号的欢乐与幽默。8号喜欢掌控，态度容易强势而给他人压迫感。7号的好玩可以冲淡一些这种感觉，减少与人的距离感。8号学习7号，可以取得威严与亲和的平衡。

第三，要学习9号的平和与包容。8号容易脾气暴躁，甚至会有成为"暴君"的倾向。8号学习9号，可以取得慈悲与威武的平衡。

当自身成熟，两翼健全，8号就会起飞，并飞到2号的位置，变得善于聆听，乐于助人，关爱、体谅他人。不仅有权力，更有仁爱，不仅征服他人，更懂得服务众生。

9号的起飞途径

9号的两翼分别是8号和1号。

9号要起飞——

第一，要活出本身的协调能力，成为人与人之间的调停专家与和平使者。活出9号的平和态度与接纳能力。

第二，要学习8号敢于担当的勇气。9号容易回避甚至逃避问题，学习8号，9号可以取得忍让与面对的平衡。

第三，要学习1号的原则与立场，敢于面对冲突。9号容易无原则退让，把握好度就是有胸怀的包容，过度了就是无原则的妥协。学习1号的高要求，也会让9号得到更多成长。9号学习1号，可以取得协调与原则的平衡。

当自身成熟，两翼健全，9号就会起飞，并飞到3号的位置，不仅追求和谐，也敢于赢得成果；不仅注重关系的融洽，也关注成就的辉煌。9号变得更加积极进取，目标感强，做事有计划。

以上是九种性格的起飞路径，接下来我将会在此基础上，进一步介绍九型人格的不同发展层面、分解的警钟、整合的方向及锻炼之路。

第 8 章
看见性格，穿越性格

让自己的性格更健全其实是一种心理环保。

这个世界不是你一个人的世界，你做的任何事情都会给他人带来影响。

心理环保就是不要污染别人的心灵。

给他人的心灵带来正面的阳光而不是负面的阴影。

整合自己的性格就是从自身出发，开始心理环保的工作。

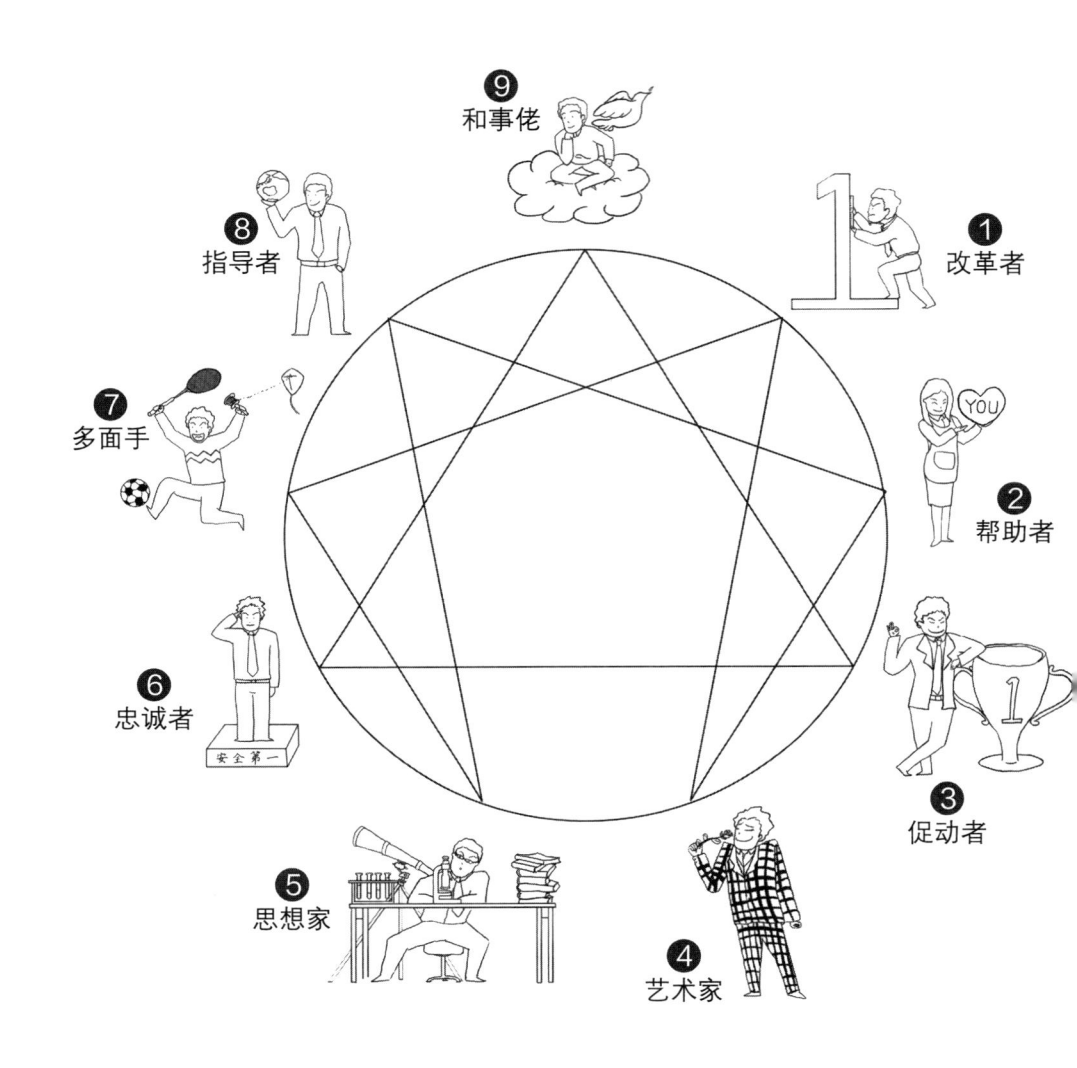

- ❶ 改革者
- ❷ 帮助者
- ❸ 促动者
- ❹ 艺术家
- ❺ 思想家
- ❻ 忠诚者
- ❼ 多面手
- ❽ 指导者
- ❾ 和事佬

安全第一

儿童启蒙教育书《三字经》开篇就说：人之初,性本善;性相近,习相远。从性格学说来说：在性格中，性是天性，格是人格。

"人之初，性本善"——每个人的天性都是完满的。

"性相近,习相远"——每个人的天性是相近的,但性格有差异。

没有觉察自身性格局限的人，都是自我习惯和性格的囚徒。正如九型人格的前辈葛吉夫所说：每个人都被囚禁在自己性格的牢笼里。

所以，我们需要超越人格的限制，恢复天性的圆满。

九型人格的整合与分解

九型人格的表现并非固定不变的，它会随着心灵处于顺境还是逆境而变化，而且这种变化有一定的规律性。还记得九柱图中的三角形和六角形吗（如图2-1）？这两个图形代表着九个号码的整合方向和分解方向。所谓整合方向，就是这种型号处于顺境中的健康表现，而分解方向,则是此号码处于逆境中的不健康表现。

九型人格的整合方向分为两条线路：

按六角形分为 1-7-5-8-2-4-1。即健康的 1 号会向 7 号整合，健康的 7 号会向 5 号整合，健康的 5 号会向 8 号整合，健康的 8 号会向 2 号整合，健康的 2 号会向 4 号整合，健康的 4 号会向 1 号整合。

按三角形分为 3-6-9-3。即健康的 3 号会向 6 号整合，健康的 6 号会向 9 号整合，健康的 9 号会向 3 号整合。

分解方向正好相反：

按六角形分为 1-4-2-8-5-7-1。即不健康的 1 号会分解为 4 号，不健康的 4 号会分解为 2 号，不健康的 2 号会分解为 8 号，不健康的 8 号会分解为 5 号，不健康的 5 号会分解为 7 号，不健康的 7 号会分解为 1 号。

按三角形分为 3-9-6-3。即不健康的 3 号会分解为 9 号，不健康的 9 号会分解为 6 号，不健康的 6 号会分解为 3 号。

为了方便读者记忆和理解，我们会用一些动物来比喻不同型号整合或分解的状态。

1 号改革者：在成熟或顺境时，有如蚂蚁，有做足一百分的精神。在不成熟或逆境时，则像猎狐犬，表现得挑剔、愤世嫉俗。

2 号帮助者：在成熟或顺境时，有如短腿猎犬，慷慨，为他人着想。在不成熟或逆境时，则像波斯猫，以为自己不能取代。

3 号促动者：在成熟或顺境时，有如老鹰，充满干劲。在不成熟或逆境时，则像一只爱炫耀和展示的孔雀，操纵性强。

4 号艺术家：在成熟或顺境时，有如黑马，见解独特、有创意。

在不成熟或逆境时，则像卷毛狗，十分情绪化。

5号思想家：在成熟或顺境时，有如猫头鹰，分析能力强，有深度。在不成熟或逆境时，则像狐狸，贪婪，不知足。

6号忠诚者：在成熟或顺境时，有如羚羊，忠心耿耿。在不成熟或逆境时，则像白兔，焦虑、惊惧。

7号多面手：在成熟或顺境时，有如蝴蝶，热爱生命。在不成熟或逆境时，则像猴子，不能脚踏实地。

8号指导者：在成熟或顺境时，有如老虎，是兽中之王，天生领袖。在不成熟或逆境时，则像犀牛，霸道、控制欲强。

9号和事佬：在成熟或顺境时，有如海豚，爱好和平。在不成熟或逆境时，则像大象，得过且过。

给每种型号的忠告

人生是由一连串的选择组成。我们今天的情况正是由我们无数个昨天的选择造就的。同样，我们想要在明天拥有什么样的生活，完全取决于今天的选择。性格决定命运，好的性格带来好的人生。认识九型人格，能帮助你有方向地洞察自己内在的操作模式。当然仅仅认识是不够的，这只是一个起点，更重要的是以此为基础的自我完善。下面，整理了一些关于每种型号锻炼之路的指引，并基于扬长避短的原则，以忠告和留意的方式加以表达。

1号

你希望在生命中追求公正，因此在这不公平的世界里，你时常觉得有太多自己看不过眼的事情，令你感到不满，甚至愤怒。更为可惜的是，在9号翼的影响下，你开始逃避冲突，不敢表达愤怒，只能将之压抑，这当然不利于你的身心健康。

留意：

当你遇到不公平的事情时：

- 明白你对公平的定义可能有异于别人的定义，因此在做出批判之前，需要考虑及尊重他人的世界观。
- 不要容许别人侵犯你的权益，要保卫你的权益，发挥你的自我确定精神。

你目睹别人遭受不公平的待遇时，你的宗旨是：

- 静心考虑自己是否有能力伸出援手，不要去挑你挑不起的担子。
- 帮助别人自助，不是从此将别人背在肩上，照顾他一世。

忠告：

你处世态度过于认真、执着，容易令自己既愤慨又无助，你需要随身携带的解药是：

- 学习自嘲，用幽默的态度去嘲笑自己的遭遇，跳出怨天尤人的圈套。
- 去玩！去玩！！去玩！！！用充满童真的心态去玩耍，将自己从重重枷锁中释放出来。

2号

你充满童心,深信助人为快乐之本,可惜很多时候你太专注于满足身边的人的需求,而忘记照顾自己的需求。

另一个造成你感情受创的原因是当你付出时,你期望得到回报,但往往你不但得不到任何回报,还会被人伤害。

留意:

当你想付出时:

- 要清楚你并不是想借着付出去取悦对方。
- 不要假设你明白对方真正的需要,要问清楚。
- 征求对方的同意后再付出,不要强逼人家接受你的好意。
- 假设你将不会得到任何回报。
- 明白付出者不是强者,接受者也不是弱者,你们必须在授受关系中保持平起平坐。

忠告:

很多时候你愿意付出是因为你想取悦人家,得到人家的接受,你这样做等于容许别人操纵你的情绪,你需要随身携带的解药是:

- 尊重自己的感受,跟随自己的意愿。
- 将焦点从外在世界移回内在世界,不要太过介意别人对你的看法,集中发展你的创意。

3号

你想在生命中屡攀高峰,你渴望得到别人的掌声,从而肯定本身的成就。因此有时为了引起别人的注意及赞赏,你有自我炫耀的倾向。

因为你过度注重成功，所以相对而言，你非常害怕失败，有时害怕失败的程度会令你完全失去冒险精神，导致除了必胜的事情外，其余的一概却步不前。

留意：

在你企图屡攀高峰时：

- 明白名利只是成功的象征，不是你生命追求的全部。
- 认清你真正的人生目标。
- 当你发出光芒时，人们自然会留意你，为你鼓掌，你不必刻意炫耀。
- 记住失败不是世界末日，而是成功途中的回应！

忠告：

不要被胜利冲昏头脑，一朝得志，语无伦次；不要让对失败的恐惧使你却步不前，你需要常备的解药是：

- 时时忠于自己的价值观，不让暂时的挫败令你背叛自己及自己所属的团体。
- 明白名利背后的真谛，不做名利的奴隶。

4号

无论在服饰、打扮、言行，还是思维模式等方面，你都与众不同，可能你不认为自己是特殊的，但身边的人却会误会你的标新立异。

由于你是个与众不同的人，因此容易觉得被误解，被孤立，你的情绪波动也比一般人更大，有时，很小的转变会令你有很激烈的反应。

留意：

● 接受自己的与众不同，并自觉地不利用这个特征去吸引别人的注意。

● 明白别人会用异样的眼光去看与众不同的人，这不是他们不喜欢你，而是因为他们不了解你而已。

● 开放自己，让别人有机会认识你、了解你。

忠告：

太多时候，你利用你的与众不同去吸引别人的注意，而当别人用异样的眼光看你的时候，你又郁郁寡欢，你需要随身携带的解药是：

● 知道你所谓的与众不同的一个主要部分，是你可以用创意的眼光看这个世界，好好运用这个创意，替自己在生命中创造财富。

● 知道在你那与众不同的外表下是一颗炽热的心，开放自己，向人伸出友谊之手，那么你不会再感到孤单无援，人家也不会觉得你标新立异了。

5号

你有满脑子的理想，并时时沉浸在理论世界中寻找生命的真谛，却很少将理论付诸行动，因此会被人嘲笑你"理论一大套，实际做不到"。

由于你活在理性的世界里，因此很容易忽略自己和别人的感受。有时候，不了解你的人甚至觉得你对别人一点都不投入，太过抽离。

留意：

由于你认为知识的积累会是你的救赎，因此：

- 你的学问确实能够吸引一批仰慕者，但当他们知道你只讲不做时，会对你产生失望的情绪。
- 你做学问的方式几乎都是强迫性的，这对你身心健康都有妨碍。
- 实际上，你对于这个世界有非常深入和具体的认识。

忠告：

你太喜欢躲进理论的世界，而忽略了外在的世界。但理论的世界好像一个迷宫，越是深入便越难找到出路。结果，你发现你与现实世界脱了节，根本不知从何着手去实现你的理想。你需要的解药是：

- 当你继续做学问时，不断问自己：如何能够将理论付诸行动呢？怎样能够通过行动令这个世界不同呢？然后就是行动！行动！！行动！！！

6号

你做人循规蹈矩，不容许自己的言行有所偏差，也不喜欢别人不遵守游戏规则行事。

你忠于自己的信念，更忠于你所属的团体。当你认为有人挑战你的信念，或者对你所属的团体不利时，你会马上做出还击。

留意：

● 你做人太过谨慎，因此有时过分敏感，容易误会人家作弄甚至迫害你，而做出不必要的还击，结果两败俱伤。

● 你不是唯一一个忠于自己信念的人，而别人持有不同于你的信念，并不代表他对你不利，你需要学习的是尊重自己的同时也尊重别人。

● 你对于所属的团体过分保护，会令你团体中的人感到窒息，停止成长。

忠告：

你有两个极端，当你认为有被人侵袭的危机时，可能产生很大的恐惧，并躲起来，或者你会不自觉地露出战斗姿态，被人觉得你是在挑衅他。你需要的解药是：

● 冲出规条的框架，扩大你的世界观，多些玩耍作乐，用平和的心情去看这个世界。

7号

你是个纯正的享乐主义者，你喜欢做令自己开心的事情，也喜欢让别人做你喜欢做的事情。

当你找到喜欢做的事情时，你会全心全意地去研究它，直至彻底明白它，或者玩厌了为止。

留意：

● 太过注重享乐的你，会刻意逃避令你痛苦的事情，因此不明白你的亲友及同事容易误会你没有责任心。

● 逃避痛苦有如在你的生命中埋下了一颗定时炸弹，一时不慎就会引爆，到时只会让你更痛苦。

● 你容易将自己的快乐建立在他人的痛苦上，因此不容易拥有真正的亲密关系。

忠告：

● 生命中需要充满享受，但纯粹为欢乐而生存，不免会将自己的人生狭窄化。你应该容许自己有真正的成长，用谦虚的态度去学习、拓展自己的人生，令自己活得更多姿多彩，更有深度。

8号

你敢作敢为，有先天下之忧而忧的风范，容易受人爱戴拥护，是天生的领袖。可是，你的敢作敢为也会让人觉得你充满侵略感，控制欲强，有一种"顺我者生，逆我者亡"的狂妄。

留意：

● 为人有颇为霸道的一面，会令身边的人对你口服心不服，或者对你产生反感及离心。

● 有时为了达到你认为正确的目标，你会不择手段，无形中伤害无辜。

● 你有强大的动力，为人非常好胜，当你确认目标后，你会锲而不舍地去追求。

忠告：

你的性格使你能轻易地成为领袖，也容易导致众叛亲离的下场，你需要的解药是：

- 停止不顾一切地横冲直撞，付出你的爱心，经常思考你所做的一切是否真的为别人好，同时也是为自己好，这样你就可以做一个受人爱戴、流芳百世的大人物。

9号

你知足常乐，对生命没有太多的要求，你避免与人发生冲突，也不愿意看见身边有任何人发生冲突，因此你经常会以和事佬的形象出现。

又因为你平时要做出太多的忍让，所以有时当你与比你软弱的人相处时，你会不恰当地对他们粗暴。

由于你害怕与人冲突，你做人会比较被动，给人怠慢懒惰的感觉。

留意：

- 当你逃避冲突时，你无法发挥自我确定的精神，容易成为别人践踏的对象。而你在容忍别人践踏后，又会无缘无故将怒气发泄在不相干的人的身上。
- 当你做人太过被动而且缺乏积极行动时，你无法把握生命中的机会，在不知不觉间便会浑浑噩噩度过此生。
- 你爱好和平的性格令你时时能化干戈为玉帛。

忠告：

生命不是一个等待的游戏，你不能为了害怕与人发生冲突，而时时等待别人做出反应，之后才敢采取行动。你需要的解药是：

- 学习积极把握生命中的机会，当机立断，自我确定。

自我超越带来自我成就。内在的完善帮助我们取得外在的成功。在这一章的结尾，让我分别用一个词来概括九种性格取得成功的秘诀。

1号：**改善**。

2号：**爱**。

3号：**人脉**。

4号：**创新**。

5号：**求知**。

6号：**团队**。

7号：**快乐**。

8号：**勇气**。

9号：**共赢**。

第 **9** 章

面对性格差异的沟通

理解性格特质，并理解他人，建立有效的关系。有效的关系源于有效的沟通。而沟通的基础是理解与尊重。

有人说：尊重他人其实是在庄严自己。

表面上是善待他人，暗地里是成就我们自己的德行。

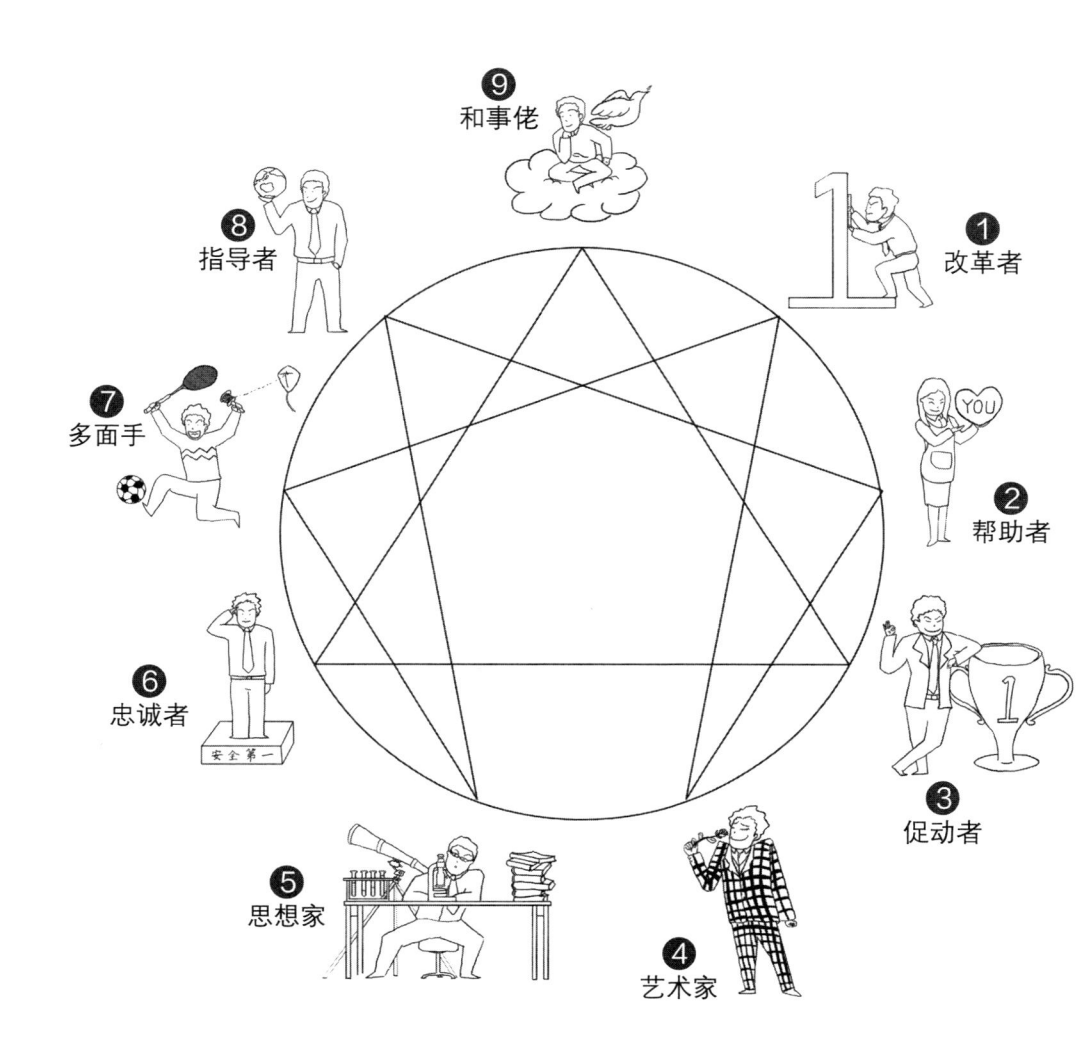

- ❾ 和事佬
- ❽ 指导者
- ❶ 改革者
- ❼ 多面手
- ❷ 帮助者
- ❻ 忠诚者
- ❸ 促动者
- ❺ 思想家
- ❹ 艺术家

运用九型人格辅助沟通

九型人格能够帮助我们了解别人做事的出发点。我们都知道人是千差万别的,这个世界上没有两个完全相同的人。学习九型人格正是因为我们不是独立生存在这个世界上的,我们必须学会与不同类型的人有效交往、和谐共处。人类是一个大团队,在同一个星球上呼吸、工作、生活、相爱……正因为人们存在彼此差异,才凸现了沟通的重要性。企业是一个大团队,有效沟通可以降低企业运作的成本,凝聚所有创造性的力量,提升效益。

九型人格显示了人的重要性,针对不同的人运用不同的沟通方式,体现了对他人的尊重。当你真正懂得尊重他人的时候,你就能得到应有的尊重。

如何快速有效地了解对方的性格特点、了解对方的动机,甚至了解对方的习惯呢?这就需要一套有效的工具。同样一件事,不同性格的人会有不同的反应;不同性格类型的人会有不同的强项和弱项,这是有规律可循的。知道并预见到这种可能,才能更有效地进行沟通。一旦洞悉对方是哪种性格类型,就可以有的放矢地帮助他成长。

我们习惯于将所有人当作同一类型，把我们自己喜欢的当作别人也喜欢，把自己的价值观加在别人身上。其实，人际关系中的很多烦恼都是因为人不愿意反省自己，只是指责别人、要求别人改变来适应自己所致。而九型人格则是让你明白对方是哪一种人，从而自己主动调整、改善。一味要求别人改变，你会很痛苦，因为这个世界不会为你而改变。反过来，你可以为这个世界改变，这要容易得多。

人与人之间是互动的运作，两个人在交流时，中间的冲击很大。加一个人，冲击就会加倍。而有了九型人格，则不管在交流中有多少人，有多大冲击都没问题。这就好像打太极，对方打过来，我们了解到他要去的方向，就可以巧妙地借力与卸力，正所谓四两拨千斤。这样，双方的关系就会很流畅。人际互动就变成"共舞"，你来我往，和谐配合。一把钥匙开一把锁，某种类型的人的心锁只能用一种方式打开。为什么有时千言万语都无法让一个人心动，就是因为没有找对那把钥匙。掌握了九型人格，就是掌握了那把钥匙。

巧妙利用九型人格，可以让你与别人的沟通更有效。假如你是一名保险公司推销员，如何运用九型人格这一工具辅助你的工作、帮你做出更好的成绩呢？

对1号：你不要用情绪化、夸张地表达，而一定要表现得很严谨、很专业才行。也不要玩赞美对方或关心对方的游戏，只要清楚地告诉对方条款，并准确回答对方的问题即可。他是否决定买保险与你跟他的关系亲密与否无关。

对2号：告诉他，如果他买了这份保险可以帮助到他的家人，可以帮助到他所爱的人。

对3号：告诉他你们公司是世界500强之一（如果是的话），连美国总统都买了你们公司的保险。

对4号：使他心情高兴，他通常不是通过理性来决定事情的，心情好时就会购买。

对5号：不要讲太多废话，只告诉他买这份保险的意义有以下几点，逐条讲清楚即可。

对6号：渲染不买保险的危险，告诉他生活中充满不确定的事。他们对安全感的要求很高，一旦开始害怕，就会购买。

对7号：他们喜欢玩，你不要讲太多道理，而是和他们一起玩，可能在KTV的时候对方就把单给签了。

对8号：记住他们是领导者，让他们自己做决定。你只是一个提出方案的下属。

对9号：他们很容易被你说服，也比较容易答应你，因为他们对于说"不"有些难为情。但是他们会改变主意，或者在分期付款的时候出现问题。

以上只是一个简单的例子。不仅是卖保险，而且是在团队管理、人力资源开发、客户服务等诸多领域，九型人格都可以发挥巨大的作用。这也是现在这门学问越来越广泛地被人们学习与应用的主要原因。

下面,是我们归纳出的一些与不同性格的人沟通的基本要点。

与不同性格的人沟通的要点

1号

跟1号相处,要有耐心听他们的表白。1号喜欢别人诚实坦白,因为他们明察秋毫。1号爱给人忠告、意见和批评,所以你不用对于他们的指责与批评反应过度。1号要求别人做错事时要道歉,应该勇于承担责任。你要学会告诉1号你的真实感受,并谅解他们的苦心,主动分担他们的工作。跟1号沟通时要注意措辞精确,避免模棱两可。

2号

跟2号相处时你会有被关注、被悉心照顾的感觉。而你需要懂得感激2号为你所做的一切,称赞2号对人的爱心和热情。批评2号时你要婉转地表达,因为2号容易将你的批评当作人身攻击。你也要懂得表达真实的需要,因为2号有时会把自己的需要当作别人的需要。还有,你要以开放亲密的态度跟2号相处,保持人性化,适当的时候可以有一些身体接触。不要抗拒2号的热情,不要让2号为你付出太多,让2号知道你可以接受的限度。

3号

与3号相处要常常赞扬并肯定他们取得的成就，因为3号就是为此而活的，这是他们最大的价值所在。要善于找出自己的目标与3号的目标之间的共同点，而不是成为3号达到目标的绊脚石。不要当着众人的面批评3号，那样会让3号觉得很没面子。你需要留意3号喜欢炫耀和表现自己的特点，支持3号与团队共同进步。

4号

4号是一个很情绪化的型号，给人以捉摸不定的感觉。你跟4号相处时要注意聆听4号的感受，但不用太过紧张对方的情绪。你需要尊重4号的意见，不要将自己的意见强加于4号之上。多支持4号发挥自己的创意。

5号

与5号相处时要注意保留他们的私人空间，容许他们有思考的时间。要体谅他们不善于表达自己的感情，要有根据地和他们沟通，而且言简意赅，直接清晰地表达。另外，跟5号沟通时要主动一些。

6号

与6号相处要欣赏他们的忠心可靠、尽责和坚守本分。不要向他们提出太多新方案和改变，他们会感到吃不消。注意向6号提供可靠而权威的数据，耐心解答他们的疑问，主动关心他们的疑虑。

7号

与7号相处要注意用轻松愉快的态度。支持他们详细表达意见，不要过于规范他们，体会他们所带来的乐趣，注意否决他们意见时的态度。

8号

8号做事爽快、不拖泥带水，所以你跟他们相处的时候也要有此作风。跟8号沟通要简洁直接。你要欣赏8号的自信与魄力，聆听他们的决定。尊重他们，不要当面批评他们。对他们的暴躁不用过度反应，不要让他们的压迫感影响你自己的心情。

9号

跟9号相处要多主动称赞他们。采取主动，不要等待他们先行动。鼓励他们发表意见，并参与进来，支持他们做出决定。因为他们经常容易分神，注意力不集中，所以你需要多发问帮助他们集中精神。

九型领导如何发问

哈佛大学肯尼迪政府学院领导力研究中心的隆纳·海菲兹教

授说过这样一句话:"好的领导要问正确的问题。"

确实,有时发问比直接给答案更有效。授人以鱼不如授人以渔,发问就是在启发对方的思维,激发对方的创意,最终达成目标。

那么,不同类型的领导在与员工的沟通中要留意些什么呢?又要问些什么问题呢?下面是我们根据九种型号的特点总结出来的提问要点。

1号领导

要善问可能性,焦点放在成果上。

比如:"在这件事情上还有什么新的做法?"

"有什么创意性的方案可以帮你达成成果?"

2号领导

不要在感受中缠来缠去,不要假设。

少问:"你有什么感觉?""你舒不舒服?"

要问:"做得怎么样?有什么成果?你在追求什么成果?"

3号领导

要善于这样发问:"这是我要得到的,你要得到什么?"

3号比较注重自我表现,所以需留意别人的感受。同时,赢了之后要懂得跟他人分享成果。切忌不要做好时都归功于己,而做不好时则归罪于人。

4号领导

要多问:"你明不明白我在说什么?明不明白我为什么这样做?哪里不明白?明白后你会怎么做?"

4号领导容易给人思维跳跃、善变的感觉。所以要留意以别人能明白的逻辑来表达。要愿意理解别人,也要愿意让别人了解自己。

5号领导

要多问:"你感觉怎样?"

5号是9个型号中最理性的,往往活在思维世界中,所以要加强自我的感受能力,也要注重他人的感觉,才可以更好地凝聚团队。

6号领导

少问:"你有担心吗?担心什么?"

6号往往只是由于自己的担心,就开始在沟通中兜圈子,解释太多,影响效率。

多问:"如何开始?怎么行动?"

7号领导

7号领导要多问:"你在做的事情跟我们共同的目标是否一致?"

7号领导常常不看员工正在做什么,经常会突然发现员工做的跟目标不一致。用这样的问题可以帮自己,也帮团队厘清方向。

8号领导

8号领导要多问:"这是不是你想要的?其实你想要的是什么?你要的怎么和我要的找到共同点,互相配合?"

有时别人会由于8号的强势而压抑自己的需求。所以8号领导要特别注意尊重别人,了解对方真实的想法。

9号领导

9号领导要多问:"你还可以做得更好的是什么?你如何可以做得更好?"

9号领导容易得过且过,要求不高,团队进步不大。高要求能推动团队不断超越。

总体来说,这些问题都是在平衡每个型号的弱项。如果您是一位领导者,可以思考一下:自己在日常的管理中,经常问的是什么?从来不问的是什么?这些问题又如何形成你的管理风格?对你与他人的沟通又有什么样的影响和作用?

结束语：生命的任务

写到这里，这本书就快到结尾了。在这里，我为本书做一个总结。

九种性格就好像九条登山的途径，最终大家都相会于山顶。只是，在上山的路途中我们会经过不同关口的考验，看到不同的风景，同时也运用了各自不同的登山方式。

实际上，每种型号都是带着各自的使命而来的。

1号为世界带来善良——没有善良，世界将会怎样？

2号带来爱——我们谁不需要别人的关怀和爱？

3号带来成就——有成果、有成就，实现心中的梦想，人生才有价值！

4号带来独特——假如这个世界所有人都一样，假如你无数的明天永远和你经历过的昨天一模一样，该有多闷、多可怕！

5号带来知识——有知识人类才会进步，如果我们今天的经验没有总结下来，也许我们明天又得重新摸索，又会重复无数的错误。

6号带来忠诚——如果所有人都各自为政，世界将会一片混乱。

7号带来快乐——如果我们只是把事情做得完美，而没有鲜活的体验、丰富的感受，我们与机器人又有什么不同？人生的快乐不可或缺。

8号带来权威——这么多不同类型的人在一起，一定需要有人愿意站出来，像船长一样带着人类这个大团队航向未来。

9号带来和平——如果太多人想当领导，会容易引发争斗。战争带来毁灭，和平才能带来发展。所以，也需要人来协调关系。

还记得在"九柱图与能量中心"的章节中，我们曾经把"脑中心、心中心、腹中心"的优秀特质归纳为"智、仁、勇"吗？

真正了解自己，并融会贯通不同性格优点的人，才能活成智者、仁者、勇者。

有道是：智者不惑，勇者不惧，仁者无敌——智慧不起烦恼，勇者降服自我，慈悲没有敌人。

果真到了这样的境界，就算是真正活出了每个人来到这个世界的使命，登上了生命的顶峰！

后　记

在阳春三月完成对这本书的整理和修改，我感觉到一种完成工作的轻松，一种实现目标的喜悦，以及一份油然而生的感谢之情。

首先，感谢我学习九型人格的第一个老师及第一本九型人格的合著者孙天伦博士，是您带我认知和了解这门学问。感谢您在我学习和写作的过程中给予我的至关重要的帮助。

然后，感谢任红波老师及北京时代光华图书有限公司的同事们，你们的信任及工作让我的一本本书籍陆续面世，并传送到每一位读者手里。

感谢卿珂为本书配上漫画，从《对话的艺术》到《教练的智慧》，再到这次新版的《九型人格》，你的漫画使书籍更为生动、可爱、有趣、形象化。可以说,你的创意和画笔是这些书的"形象大使"。

感谢我的助手佘杰为本书所做的收集资料工作。

感谢业界所有前辈、同人的研究分享,你们的工作开拓了我的视野、提升了我的认知、丰富了我的知识。

最后,感谢自己,感谢那个让我能持续涌出这些文字和思想的不尽源泉。